シュレディンガー方程式

$$i\hbar\frac{\partial \Psi(\boldsymbol{r},t)}{\partial t} = \left[-\frac{\hbar^2}{2m}\nabla^2 + V\right]\Psi(\boldsymbol{r},t)$$

規格化条件 $\quad \int_{-\infty}^{\infty} |\Psi(\boldsymbol{r},t)|^2 d^3r = 1, \quad$ 連続の方程式 $\quad \dfrac{\partial \rho(x,t)}{\partial t} + \nabla \cdot \boldsymbol{j}(\boldsymbol{r},t) = 0,$

確率密度分布 $\quad \rho(\boldsymbol{r},t) \equiv |\Psi(\boldsymbol{r},t)|^2,$

確率流れ密度 $\quad \boldsymbol{j}(\boldsymbol{r},t) \equiv \dfrac{\hbar}{2im}\left(\Psi^*\nabla\Psi - \Psi\nabla\Psi^*\right),$

期待値 $\quad \langle A(t) \rangle \equiv \int_{-\infty}^{\infty} \Psi^* \hat{A} \Psi \, d^3r, \quad$ 分散 $\quad (\Delta A)^2 = \langle A^2 \rangle - \langle A \rangle^2$

ポテンシャルが時間に依存しないとき

$$\Psi(\boldsymbol{r},t) = \psi(\boldsymbol{r})\chi(t), \quad E\psi(\boldsymbol{r}) = -\frac{\hbar^2}{2m}\nabla^2\psi(\boldsymbol{r}) + V(\boldsymbol{r})\psi(\boldsymbol{r}), \quad \chi(t) = \exp[-iEt/\hbar]$$

不確定性関係

$$\Delta A^2 \cdot \Delta B^2 \geq \left(\frac{\langle [\hat{A},\hat{B}]\rangle}{2i}\right)^2$$

3次元座標とラプラシアン

・デカルト座標 (x,y,z)

$$\nabla^2 = \frac{\partial^2}{\partial x^2} + \frac{\partial^2}{\partial y^2} + \frac{\partial^2}{\partial z^2}, \quad d^3r = dxdydz$$

・極座標 (r,θ,ϕ)

$\quad x = r\sin\theta\cos\phi, \ y = r\sin\theta\sin\phi, \ z = r\cos\theta,$

$\quad (0 \leq r < \infty, \ 0 \leq \theta \leq \pi, \ 0 \leq \phi \leq 2\pi)$

$$\nabla^2 = \frac{\partial^2}{\partial r^2} + \frac{2}{r}\frac{\partial}{\partial r} + \frac{1}{r^2\sin\theta}\frac{\partial}{\partial \theta}\left(\sin\theta\frac{\partial}{\partial \theta}\right) + \frac{1}{r^2\sin^2\theta}\frac{\partial^2}{\partial \phi^2},$$

$\quad d^3r = r^2 dr \sin\theta d\theta d\phi$

・円柱座標 (r,ϕ,z)

$\quad x = r\cos\phi, \ y = r\sin\phi, \ z = z, \ (0 \leq r < \infty, \ 0 \leq \phi \leq 2\pi, \ -\infty \leq z \leq \infty)$

$$\nabla^2 = \frac{\partial^2}{\partial r^2} + \frac{1}{r}\frac{\partial}{\partial r} + \frac{1}{r^2}\frac{\partial^2}{\partial \phi^2} + \frac{\partial^2}{\partial z^2}, \quad d^3r = rdrd\phi dz$$

シュレディンガー方程式

基礎からの量子力学攻略

鈴木克彦［著］

フロー式
物理演習
シリーズ

須藤彰三
岡　真
［監修］

共立出版

刊行の言葉

　物理学は，大学の理系学生にとって非常に重要な科目ですが，"難しい"という声をよく聞きます．一生懸命，教科書を読んでいるのに分からないと言うのです．そんな時，私たちは，スポーツや楽器（ピアノやバイオリン）の演奏と同じように，教科書でひと通り"基礎"を勉強した後は，ひたすら（コツコツ）"練習（トレーニング）"が必要だと答えるようにしています．つまり，1つ物理法則を学んだら，必ずそれに関連した練習問題を解くという学習方法が，最も物理を理解する近道であると考えています．

　現在，多くの教科書が書店に並んでいますが，皆さんの学習に適した演習書（問題集）は，ほとんど見当たりません．そこで，毎日1題，1ヵ月間解くことによって，各教科の基礎を理解したと感じることのできる問題集の出版を計画しました．この本は，重要な例題30問とそれに関連した発展問題からなっています．

　物理学を理解するうえで，もう1つ問題があります．物理学の言葉は数学で，多くの"等号（=）"で式が導出されていきます．そして，その等号1つひとつが単なる式変形ではなく，物理的考察が含まれているのです．それも，物理学を難しくしている要因であると考えています．そこで，この演習問題の中の例題では，フロー式，つまり流れるようにすべての導出の過程を丁寧に記述し，等号の意味がわかるようにしました．さらに，頭の中に物理的イメージを描けるように図を1枚挿入することにしました．自分で図に描けない所が，わからない所，理解していない所である場合が多いのです．

　私たちは，良い演習問題を毎日コツコツ解くこと，それが物理学の学習のスタンダードだと考えています．皆さんも，このことを実行することによって，驚くほど物理の理解が深まることを実感することでしょう．

須藤　彰三
岡　真

まえがき

　量子力学は20世紀前半に確立したミクロの世界を記述するための力学で，今日ではナノテクノロジーをはじめとする様々な工業技術にも応用されており，これからの社会で中心的な役割を担うと期待される．我々が日常のスケールで用いている古典力学は，決して量子力学と相反するものではなく，量子力学においてプランク定数を0とみなした特殊な場合でしかない．しかし，古典力学で慣れ親しんだ考え方は量子力学ではほとんど通用しない．古典力学では一般化座標を時間の関数として決定することを試みるが，量子力学でその役割を果たすのは波動関数である．また古典論では物理現象を時間の関数として完全に決定できるが，波動関数は起こりうる確率を与えるだけである．

　量子力学を学ぶ上で初学者が直面する困難は二通りあって，一つは純粋に量子力学の原理に関する事柄，もう一つは波動関数の使い方とその物理的理解に関する事柄である．前者は状態ベクトルやヒルベルト空間など抽象的な概念を出発点にするので，考えれば考えるほど難しく感じる可能性がある．そのため，初学者が前者の問題を前に長々と立ち止まってしまうのはお勧めできない．一方で，後者は順序よく理解し慣れることによって克服できる問題であり，その過程で量子力学の物理的イメージが持てるようになる．量子力学が一通り使えるようになり，この理論体系のポイントを把握してから，基本原理に関する疑問に戻ってみるのもよい方法である．

　そのような考え方に基づき，本書では波動関数を決定するシュレディンガー方程式の基礎と問題への応用，結果の物理的解釈に絞って分かりやすく説明するように試みた．30題の例題を順番に解くことで，量子力学の基本的な考え方と代表的な物理現象を理解できるようにデザインしてある．そのためには数学的な技法も必要だが，初学者でも挫折しないように必要事項を紹介しながら丁寧に計算を示している．扱う内容は，シュレディンガー方程式の性質，1次元のポテンシャル問題，3次元の中心力問題など多岐にわたるが，場当たり的に解答を示すのではなく，シュレディンガー方程式を解くための「基本的ステ

ップ」を繰り返し意識できるようになっている．

　現在では多数の量子力学の教科書・演習書が出版されているが，多くの場合原理から応用まで広い範囲をカバーしているため，シュレディンガー方程式の基礎的な取り扱いに関する記述は限られている．結果として，初学者にとってハードルが高く，せっかくの教科書を使いこなせない場合がある．それに比べ，本書は初めて量子力学を学ぶ人，量子力学を学びたいが数学の力が足りないと感じる人を念頭において書いてあり，つまづきやすい個所には欄外にワンポイント解説を加えてある．また，多くの教科書ではあっさりと説明されてしまうことが多い，束縛状態と散乱状態の違いや，同時固有状態などの事項についても丁寧に説明している．一方で，角運動量の代数的取扱いやスピン，また，近似方法や時間依存摂動論，散乱理論などには触れていないので，必要に応じてより高度で包括的な学習に進んでもらいたい．

　本書の使い方について触れておこう．各章の冒頭には＜内容のまとめ＞があるので，まずはそれをじっくり読んでほしい．分からない点はそのままにしてよいので，まずは何について学ぶのかを意識してもらう．その上で，＜例題＞に進み，＜内容のまとめ＞で挙げてある事項について，「問題を解き，手と頭を動かす」ことで理解してもらいたい．30題の例題はいずれも基礎的なレベルのもので統一してある．例題の後には，＜発展問題＞が数題用意してある．基礎的で重要な問題もあれば，やや難しい問題もあるので，巻末の略解を参考にしながら解いてもらいたい．フロー式演習シリーズの狙いの通り，「問題を解くことで基礎を理解したと感じる」ことができると期待している．

　最後に，本書の執筆に当たっては，須藤彰三先生，岡真先生，共立出版の島田誠氏，大谷早紀氏に大変お世話になりました．ここに厚く御礼申し上げます．特に，岡先生には原稿の細かい点までご指摘をいただき大変お世話になりました．

　量子力学を学びたいが難しく感じている人，量子力学を学び始めたがつまづいてしまった人にとって，本書が量子力学を初歩から理解するための突破口になることを願っている．

2013年　8月　　　　　　　　　　　　　　　　　　　　　　　　鈴木克彦

目 次

まえがき iii

1　量子力学の基礎：演算子と波動関数　　1
　例題 1【波動関数と演算子】.............................. 4
　例題 2【演算子の交換関係】.............................. 6

2　波動関数とシュレディンガー方程式の性質　　8
　例題 3【連続の方程式，定常状態】...................... 10
　例題 4【古典力学との関係：エーレンフェストの定理】.. 13

3　シュレディンガー方程式の解き方　　15
　例題 5【無限井戸型ポテンシャルのエネルギー】........ 16
　例題 6【無限井戸型ポテンシャルの波動関数】.......... 20
　例題 7【波動関数の重ね合わせと古典的運動】.......... 23

4　波動関数の連続性とデルタ関数型ポテンシャル　　26
　例題 8【波動関数の連続性とデルタ関数ポテンシャル】.. 27

5　固有値方程式の一般的性質　　32
　例題 9【エルミート演算子と固有関数】.................. 34

6　束縛状態と散乱状態：有限井戸型ポテンシャル　　39
　例題 10【有限井戸型ポテンシャル：束縛状態】.......... 42
　例題 11【有限井戸型ポテンシャル：散乱状態】.......... 48

7 自由粒子 50
例題 12【自由粒子の波動関数】 51

8 不確定性と同時固有状態 54
例題 13【不確定性関係】 56
例題 14【同時固有状態】 58

9 1次元ポテンシャルによる散乱 61
例題 15【井戸型ポテンシャルによる散乱】 62
例題 16【階段型ポテンシャルによる散乱】 68

10 線形調和振動子ポテンシャル 73
例題 17【調和振動子：解析的方法】 75
例題 18【調和振動子：エルミート多項式】 81
例題 19【調和振動子：代数的方法】 84

11 周期的ポテンシャルとバンド構造 90
例題 20【くし型ポテンシャルとバンド構造】 91

12 極座標での3次元シュレディンガー方程式 96
例題 21【3次元シュレディンガー方程式の変数分離】 99
例題 22【ルジャンドル陪関数と球面調和関数】 104

13 中心力ポテンシャル 109
例題 23【遠心力ポテンシャル】 111
例題 24【3次元井戸型ポテンシャルの束縛状態】 113
例題 25【3次元井戸型ポテンシャルによる散乱：位相のずれ】 . . . 117

14 水素原子 120
例題 26【重心運動と相対運動の分離】 121
例題 27【水素原子のエネルギー】 123
例題 28【水素原子の波動関数】 128

15	**原子の構造**	**132**
	例題 29【原子のエネルギー準位】...............	134
16	**磁場中のシュレディンガー方程式**	**136**
	例題 30【一様磁場中の水素原子】...............	137
A	**Appendix**	**140**
B	**発展問題の解答**	**143**

重要度
★★★★★

1 量子力学の基礎：演算子と波動関数

―《 内容のまとめ 》―

　古典力学では物体の運動はニュートン方程式によって記述され，時間 t の関数として位置 $x(t)$ や速度 $v(t)$ を正確に計算することが（原理的には）可能である．一方，量子力学ではその状況は大きく異なり，以下のような基本原理によって特徴づけられている．

1. **物理量は数ではなく演算子 (operator) として扱う．**

　　位置，運動量，エネルギーなどの物理量は古典的な数（c 数と呼ぶ）でなく，演算子（q 数と呼ぶ）で置き換えられる．本書では，$\hat{x}, \hat{p}, \hat{E}$ のように演算子の記号 ∧ を付けて表すことにする．これらの演算子は通常以下の規則にしたがって，x は普通の数，p, E は微分演算子として扱う．

$$\hat{x} \to x, \quad \hat{p} \to -i\hbar\frac{\partial}{\partial x}, \quad \hat{E} \to i\hbar\frac{\partial}{\partial t}. \tag{1.1}$$

ここで，$\hbar \equiv h/(2\pi)$ は定数で，h はプランク定数と呼ばれ，およそ 6.6×10^{-34} [J·s] である．運動量ベクトルの場合はナブラ演算子 ∇ を用い

$$\hat{\boldsymbol{p}} \to -i\hbar\boldsymbol{\nabla}, \quad \boldsymbol{\nabla} \equiv \left(\frac{\partial}{\partial x}, \frac{\partial}{\partial y}, \frac{\partial}{\partial z}\right)^t \tag{1.2}$$

と置き換える．ここで，上添え字の t は行列の転置を表す．

2. 光や物質の運動を正確に予言することはできず，起こりうる確率のみを計算することが可能である．確率を表現するのに**波動関数** (wave function) $\Psi(x,t)$ を用いる．

波動関数は時間と位置を変数とする複素数の関数で，確率振幅とも呼ばれる．ここでの「確率」は，同じ実験を何回も繰り返したときに粒子がある位置で測定される可能性を表し，物体が時間 t に区間 $[x, x+dx]$ に存在する確率は，図 1.1 に示す波動関数の絶対値 **2** 乗を用いて

$$|\Psi(x,t)|^2 dx \tag{1.3}$$

と表される．

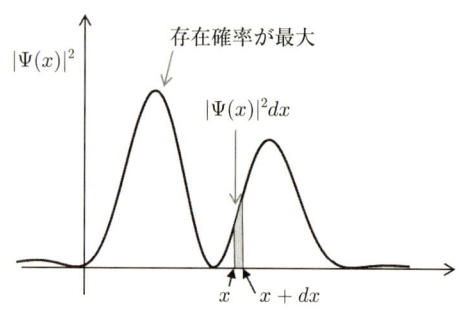

図 1.1: 確率密度分布.

確率密度は座標空間に分布するが，確率の合計値は 1 でなければならない．そこで $|\Psi(x,t)|^2$ を全空間で積分すると

$$\int_{-\infty}^{\infty} |\Psi(x,t)|^2 dx = 1 \tag{1.4}$$

の関係を満たす必要がある．この性質を**規格性**と呼び，この条件を満足する波動関数は規格化されているという．

3. 量子力学では物理量の期待値が計算可能である．

期待値とは確率の重みを付けて物理量を計算したもので，実験を繰り返したときに実現される可能性が最も高い値である．物理量 A を表す演算子を $\hat{A}$ とすると，時間 t における物理量 A の期待値 $\langle A \rangle$ は，

$$\langle A(t)\rangle \equiv \int dx\, \Psi^*(x,t)\,\hat{A}\,\Psi(x,t) \tag{1.5}$$

と計算される．また，ある物理量 A の期待値について分散 $(\Delta A)^2$ を

$$(\Delta A)^2 \equiv \langle (A-\langle A\rangle)^2\rangle = \langle A^2\rangle - \langle A\rangle^2 \tag{1.6}$$

と導入し，期待値からのずれの大きさを表現する．物理量が必ず期待値通りに定まると考えられる場合は **$\Delta A = 0$** である．しかし，量子力学では特殊な場合を除き $\Delta A \neq 0$ である．なお，統計学では ΔA を標準偏差と呼ぶが，量子力学では**物理量 A の不確定さ (uncertainty)** と呼ぶことも多い．

コラム

　以上のような原理は古典力学に慣れ親しんだ頭で眺めると大変違和感を感じるかもしれない．我々はひとまずこのような原理を受け入れて先に進もう．一通り量子力学を学び，色々な問題が解けるようになってから，量子力学と古典力学の関係について考えてもらえたらと思う．量子力学と古典力学の境界線は，プランク定数を0でないと考えるか，0としてしまうかの違いである．例えば，次章で登場するシュレディンガー方程式は量子力学の基本方程式であるが，この方程式はプランク定数を0と近似する極限において，古典力学の運動方程式であるハミルトン・ヤコビの方程式に一致する．また，量子力学を定義する方法の一つである経路積分法を用いると，プランク定数が0の極限で古典力学の最小作用の原理が導かれる．このように，量子力学が正しい基礎理論であって，古典力学はプランク定数が0とみなせる我々の日常生活のスケールで成り立つ近似の理論である．

例題 1　波動関数と演算子

1 次元の $-\infty < x < \infty$ の領域で波動関数

$$\Psi(x,t) = C \exp[-ax^2] \exp[-i\omega t] \tag{1.7}$$

が与えられている．a, ω は定数で，C は規格化で定まる定数である．
(1) 規格化して定数 C を a で表せ．
(2) 規格化した波動関数を用いて，運動量の期待値 $\langle p \rangle$，および運動量の 2 乗の期待値 $\langle p^2 \rangle$ を計算し，a を用いて表せ．

考え方

量子力学のあらゆる場面で登場する計算である．式 (1.1), (1.4), (1.5) を理解して，使いこなせるようにしなければならない．

解答

(1) 規格化の条件式 (1.4) から

$$\int_{-\infty}^{\infty} \left(C e^{-ax^2 - i\omega t} \right)^* C e^{-ax^2 - i\omega t} \, dx = 1$$

でなければならない．
　複素共役をとって計算を進めると，

$$|C|^2 \int_{-\infty}^{\infty} e^{-2ax^2} dx = |C|^2 \sqrt{\frac{\pi}{2a}} = 1. \tag{1.8}$$

よって，$C = (2a/\pi)^{1/4}$ である．

(2) 式 (1.5) にしたがい，式 (1.1) の運動量演算子を代入して計算する．

$$\begin{aligned}
\langle \hat{p} \rangle &= \sqrt{\frac{2a}{\pi}} \int_{-\infty}^{\infty} e^{-ax^2} \left(-i\hbar \frac{\partial}{\partial x} \right) e^{-ax^2} dx \\
&= \sqrt{\frac{2a}{\pi}} \int_{-\infty}^{\infty} e^{-ax^2} (i\hbar 2ax) e^{-ax^2} dx \\
&= 0,
\end{aligned}$$

ワンポイント解説

・複素共役は，すべての i を $-i$ に置き換える操作．

・ガウス積分の公式
$$\int_{-\infty}^{\infty} e^{-ax^2} dx = \sqrt{\frac{\pi}{a}}$$
を用いる．Appendix 参照．

・演算子は後ろにある Ψ にのみ作用することに注意．

・奇関数を $-\infty$ から ∞ で積分すれば 0 になる．

$$
\begin{aligned}
\langle \hat{p}^2 \rangle &= \sqrt{\frac{2a}{\pi}} \int_{-\infty}^{\infty} e^{-ax^2} \left(-\hbar^2 \frac{\partial^2}{\partial x^2} \right) e^{-ax^2} dx \\
&= -\hbar^2 \sqrt{\frac{2a}{\pi}} \int_{-\infty}^{\infty} e^{-2ax^2} \left(-2a + 4a^2 x^2 \right) dx \\
&= -\hbar^2 \sqrt{\frac{2a}{\pi}} \sqrt{\frac{\pi}{2a}} \left(-2a + 4a^2 \frac{1}{2} \frac{1}{2a} \right) \\
&= \hbar^2 a.
\end{aligned}
$$

・ここでもガウス積分の公式を用いる.

注意：以上では C を正の定数と仮定したが，一般には正負どちらでも構わないし複素数でもよい．これを位相の不定性と呼ぶ．δ を定数として

$$ C = \left(\frac{2a}{\pi} \right)^{1/4} e^{i\delta} $$

と書くと，δ の値によらず規格化条件 (1.8) は満たされる．波動関数の絶対値 2 乗は確率という観測量と直接結びつくが，波動関数自身はそうではない．そのため δ の任意性が残る．通常は $\delta = 0$ とするが，そうでない選び方をする場合もある．

例題 1 の発展問題

1-1. 例題の波動関数を用いて $\langle x \rangle$ および $\langle x^2 \rangle$ を計算せよ．

1-2. 例題の波動関数を用い，x と p の不確かさの積 $\Delta x \cdot \Delta p$ を計算せよ．

例題2　演算子の交換関係

式 (1.1) で導入された位置と運動量の演算子 $\hat{x}$ と $\hat{p}$ について，以下の計算をせよ．ただし，$[A, B]$ は交換関係 (commutation relation) と呼ばれ，

$$[\hat{A}, \hat{B}] \equiv \hat{A}\hat{B} - \hat{B}\hat{A} \tag{1.9}$$

で定義される．

(a) $[\hat{x}, \hat{p}]$ 　　　　　　　　(b) $[\hat{x}^2, \hat{p}]$

考え方

演算子はその後ろにある変数に作用するため，計算の順序を自由に入れ替えられない．このことを明白に示す量が式 (1.9) で定義される交換関係である．交換関係を計算する場合は，単に二つの量を交換するのではなく，交換関係の後ろに演算子が作用する相手を書いて考えるとわかりやすい．例えば

$$[\hat{A}, \hat{B}]f(x)$$

のように仮想的に $f(x)$ を書いておき，これに演算子が作用すると考える．

‖解答‖

(a) 式 (1.1) の規則から運動量演算子を代入すると

$$\begin{aligned}[\hat{x}, \hat{p}]f(x) &= -i\hbar \left(x\frac{d}{dx} - \frac{d}{dx}x \right) f(x) \\ &= -i\hbar \left(x\frac{df}{dx} - \frac{dx}{dx}f(x) - x\frac{df}{dx} \right) \\ &= i\hbar f(x). \end{aligned} \tag{1.10}$$

よって

$$[\hat{x}, \hat{p}] = i\hbar. \tag{1.11}$$

ワンポイント解説

2項目の微分は，直後の x とその後ろの $f(x)$ に作用することに注意．積の微分を用いて計算すればよい．

(b) (a) の結果を利用して計算する．そのためには公式

$$[AB, C] = A[B, C] + [A, C]B \qquad (1.12)$$

を用いて計算すればよい．

$$[\hat{x}^2, \hat{p}] = \hat{x}[\hat{x}, \hat{p}] + [\hat{x}, \hat{p}]\hat{x}$$
$$= 2i\hbar\hat{x}.$$

> この公式の証明は容易である．$[AB, C] = ABC - CAB = ABC - ACB + ACB - CAB = A[B,C]+[A,C]B$.
>
> 最後の等式で (a) の結果を代入した．

注意：式 (1.1) の約束にしたがって，交換関係式 (1.11) を計算したが，逆に式 (1.11) を量子力学の原理として，それを満たす関係式が式 (1.1) と考えることもできる．

より正しい量子力学の理解には後者の方が適当である．式 (1.11) を満たすような規則は式 (1.1) だけではなく，例えば $\hat{x} \to i\hbar \dfrac{d}{dp}, \hat{p} \to p$ という規則で量子力学を導入することも可能である．

例題 2 の発展問題

2-1. $[\hat{p}^2, \hat{p}], [\hat{p}^2, \hat{x}], [\hat{p}^2, \hat{x}^2]$ を計算せよ．

2-2. 古典力学の類推から角運動量を，3 次元の位置ベクトル $\boldsymbol{r} = (x, y, z)^t$ と運動量ベクトル $\boldsymbol{p} = (p_x, p_y, p_z)^t$ を用いて $\boldsymbol{L} = \boldsymbol{r} \times \boldsymbol{p}$ と定義する．3 次元の座標，運動量の間には交換関係

$$[\hat{r}_i, \hat{p}_j] = i\hbar \delta_{i,j} \quad (i, j = x, y, z) \qquad (1.13)$$

が成り立つ．ここで $\delta_{i,j}$ はクロネッカーのデルタと呼ばれ，$i = j$ のときは 1，$i \neq j$ のときは 0 を表す記号である．

$$[\hat{L}_x, \hat{L}_y]$$

を計算し，結果を $\hat{L}_z$ を用いて表せ．

重要度 ★★★★★

2 波動関数とシュレディンガー方程式の性質

―《 内容のまとめ 》―

　シュレディンガー方程式は波動関数を決定するための方程式で，オーストリアの E. Schrödinger が 1926 年に考案したものである．解析力学で導入されるハミルトニアンを演算子化し，運動量ベクトル $\boldsymbol{p}$ とポテンシャルエネルギー V を用いてハミルトニアン演算子を

$$\hat{H} = \frac{\hat{\boldsymbol{p}}^2}{2m} + V(\boldsymbol{r},t) \tag{2.1}$$

と定義する．ここで m は粒子の質量である．この量は古典的にはエネルギーに等しいので，演算子としても $\hat{E} = \hat{H}$ であることを要請する．ここで式 (1.1) の関係を用い，両辺に位置ベクトル $\boldsymbol{r}$ と時間 t の関数である波動関数 $\Psi(\boldsymbol{r},t)$ を作用させたもの

$$i\hbar \frac{\partial}{\partial t}\Psi(\boldsymbol{r},t) = -\frac{\hbar^2}{2m}\boldsymbol{\nabla}^2 \Psi(\boldsymbol{r},t) + V(\boldsymbol{r},t)\Psi(\boldsymbol{r},t) \tag{2.2}$$

を時間に依存するシュレディンガー方程式という．時間に関して 1 階，位置座標に関して 2 階の偏微分方程式である．（本書では当面のあいだ 1 次元に限って議論するので，$\boldsymbol{r}$, $\boldsymbol{\nabla}$ の代わりに x, $\partial/\partial x$ を考える．）

　ポテンシャル V が時間に依存しない場合は，時間変数と位置変数を変数分離し，2 つの独立な方程式が得られる．時間に関する方程式は簡単に解けて，エネルギー E は不確定さなしにある値に定まる．このような状態を定常状態 (stationary state) という．一方，位置に関する微分方程式は E を用いて

$$-\frac{\hbar^2}{2m}\frac{d^2}{dx^2}\psi(x) + V(x)\psi(x) = E\psi(x) \tag{2.3}$$

と書き直すことができる．この方程式は時間に依存しないシュレディンガー方程式と呼ばれる．$\psi(x)$ は元の波動関数と

$$\Psi(x,t) = \psi(x)\exp[-iEt/\hbar] \tag{2.4}$$

の関係にある．定常状態ではエネルギー E の不確定さ ΔE は 0 になる．

以上のようなシュレディンガー方程式を解くことで波動関数は決定される．波動関数は古典力学に登場しない新しい概念なので，その使い方や解釈についてはこれから理解を深めていってもらいたい．一方で，波動関数を用いて式 (1.5) によって計算される物理量の期待値の間には古典力学的な関係式が成立することが知られている．例えば，運動量と位置のそれぞれの期待値の間には，

$$\frac{d}{dt}\langle x \rangle = \frac{\langle p \rangle}{m}$$

が成り立つ．また期待値の間でのニュートンの運動方程式

$$\frac{d\langle p \rangle}{dt} = -\left\langle \frac{\partial V}{\partial x} \right\rangle$$

も成り立つ．このように古典的関係式が量子力学的な期待値の間の関係式として成立することを，エーレンフェスト (**Ehrenfest**) の定理という．

例題3　連続の方程式，定常状態

(a) 時間に依存する1次元シュレディンガー方程式を用い，ポテンシャル V が実数の場合には，以下の連続の方程式が成り立つことを示せ．

$$\frac{\partial \rho(x,t)}{\partial t} + \frac{\partial j(x,t)}{\partial x} = 0, \tag{2.5}$$

$$\rho(x,t) \equiv |\Psi(x,t)|^2, \quad j(x,t) \equiv \frac{\hbar}{2im}\left(\Psi^*\frac{\partial \Psi}{\partial x} - \Psi\frac{\partial \Psi^*}{\partial x}\right). \tag{2.6}$$

ここで，$\rho(x,t)$ は確率密度分布，$j(x,t)$ は確率流れ密度と呼ばれる．

(b) 時間に依存する1次元シュレディンガー方程式において，波動関数を $\Psi(x,t) = \psi(x)\chi(t)$ と変数分離し，時間に依存しないシュレディンガー方程式 (2.3) を導け．また，式 (2.4) を示せ．

(c) 式 (2.4) を用い，$\Delta E = 0$ を示せ．

考え方

確率の保存に関する方程式を作るには，シュレディンガー方程式とその複素共役を組み合わせる．また，**変数分離法**は偏微分方程式を扱う最も基本的なテクニックの一つなので，よく理解しておく必要がある．

解答

(a) 時間に依存するシュレディンガー方程式

$$i\hbar\frac{\partial \Psi}{\partial t} = -\frac{\hbar^2}{2m}\frac{\partial^2 \Psi}{\partial x^2} + V\Psi \tag{2.7}$$

を用意し，その両辺の複素共役をとると

$$-i\hbar\frac{\partial \Psi^*}{\partial t} = -\frac{\hbar^2}{2m}\frac{\partial^2 \Psi^*}{\partial x^2} + V\Psi^* \tag{2.8}$$

となる．ここで，$V(x)$ が実数である条件を用いた．

この2式から $\Psi^* \times (2.7) - (2.8) \times \Psi$ をつくると

$$i\hbar\left(\frac{\partial \Psi^*}{\partial t}\Psi + \frac{\partial \Psi}{\partial t}\Psi^*\right) = -\frac{\hbar^2}{2m}\left(\Psi^*\frac{\partial^2 \Psi}{\partial x^2} - \Psi\frac{\partial^2 \Psi^*}{\partial x^2}\right)$$

である．これを変形すると

ワンポイント解説

・時間に依存するシュレディンガー方程式とその複素共役を用意する．

・ポテンシャルが虚数の場合には，粒子が生まれたり消えたりする状況を表す．発展問題 3-2 参照．

$$i\hbar\frac{\partial}{\partial t}|\Psi|^2 + \frac{\hbar^2}{2m}\frac{\partial}{\partial x}\left(\Psi^*\frac{\partial \Psi}{\partial x} - \Psi\frac{\partial \Psi^*}{\partial x}\right) = 0 \tag{2.9}$$

となる. ρ, j の定義を用いて書き直せば，連続の方程式に帰着する．

(b) $\Psi(x,t) = \psi(x)\chi(t)$ をシュレディンガー方程式に代入すると

$$i\hbar\left(\frac{\partial \chi}{\partial t}\right)\psi(x) = \left(-\frac{\hbar^2}{2m}\frac{\partial^2\psi}{\partial x^2} + V(x)\psi(x)\right)\chi(t).$$

両辺を $\psi(x)\chi(t)$ で割ると，

$$i\hbar\frac{1}{\chi(t)}\frac{\partial \chi(t)}{\partial t} = \frac{1}{\psi(x)}\left(-\frac{\hbar^2}{2m}\frac{\partial^2\psi(x)}{\partial x^2} + V(x)\psi(x)\right).$$

ここで，左辺は t のみ，右辺は x のみの関数である．つまり，独立な変数である x, t の関数が，いかなる場合にも等しいことを表している．このような状況が実現するのは，右辺，左辺がともにある一定の数に等しいときだけである．今，この定数を k とすると，方程式は二つの式に分離することが可能で，

$$i\hbar\frac{d\chi(t)}{dt} = k\chi(t), \tag{2.10}$$

$$-\frac{\hbar^2}{2m}\frac{d^2\psi(x)}{dx^2} + V(x)\psi(x) = k\psi(x). \tag{2.11}$$

式 (2.10) は変数分離型なので簡単に解ける．

$$\int \frac{d\chi}{\chi} = \frac{1}{i\hbar}\int k\,dt, \quad \log\chi(t) = -i\frac{kt}{\hbar} + c$$

$$\therefore \chi(t) = \exp[-ikt/\hbar]. \tag{2.12}$$

ここで定数 k の物理的意味を考えよう．式 (1.1) のエネルギー演算子と式 (2.10) を比べると，E と

・関数 $\psi(x)$ と $\chi(t)$ を独立に導入し，$\Psi = \psi(x)\chi(t)$ と書く．
両辺を $\psi(x)\chi(t)$ で割ることで，x のみ t のみの関数に分けることができる．
常に変数分離できるわけではないことに注意．ポテンシャルの関数形に依存する．

・積分定数 c も存在するが，最終的に規格化から決定されるので，この段階では落としておいて問題ない．

k が等しいと予想できる．実際，エネルギーの期待値を波動関数 (2.12) を用いて計算すると，

$$\langle E \rangle = \int \psi^*(x)\chi^*(t) i\hbar \frac{\partial}{\partial t} \psi(x)\chi(t)\, dx$$
$$= k \int |\psi(x)|^2 dx = k \qquad (2.13)$$

となる．よって，k はエネルギーの期待値に等しい．

(c) 式 (2.13) と同様な計算で $\langle E^2 \rangle$ を計算すると，時間微分が 2 回現れて k^2 となる．よって

$$\Delta E \equiv \langle E^2 \rangle - \langle E \rangle^2 = 0$$

である．

・$\frac{\partial}{\partial t}\chi(t) = -\frac{ik}{\hbar}\chi(t)$ である．

・最後の等式では波動関数が規格化されていることを用いた．

例題 3 の発展問題

3-1. 波動関数が無限遠方では 0 になる条件 $\Psi(x \to \pm\infty, t) \to 0$ が成り立つ場合に，連続の方程式を用いて

$$\int_{-\infty}^{\infty} |\Psi|^2 dx = (\text{定数})$$

を導け．右辺の定数を 1 と定めると，全確率を常に規格化できる．

3-2. ポテンシャルエネルギーが虚数部分を含み，$V(x) = V_0(x) - i\Gamma$ と表せる場合（V_0 は x の実数関数，Γ は正の定数）に，

$$\frac{\partial}{\partial t}\rho(x,t) + \frac{\partial j}{\partial x} = -\frac{2\Gamma}{\hbar}\rho(x,t)$$

を示せ．その結果，前問 3-1 と異なり，

$$\int_{-\infty}^{\infty} |\Psi|^2 dx \propto \exp[-t/\tau]$$

のように確率が減少してしまうことを示せ．τ は $\tau = \hbar/(2\Gamma)$ と導入される定数で，寿命 (life time) という．

例題 4 古典力学との関係：エーレンフェストの定理

時間に依存するシュレディンガー方程式を用いて，運動量と位置のそれぞれの期待値の間には，古典的関係式と類似の関係

$$\frac{d}{dt}\langle x\rangle = \frac{\langle p\rangle}{m} \tag{2.14}$$

が成り立つことを示せ．

考え方

式 (1.5) の期待値を時間微分すると，必ず波動関数の時間微分が現れる．そこで，時間に依存するシュレディンガー方程式を代入し，時間微分を位置座標の微分に置き換える．その上で部分積分を用いよう．

‖解答‖

期待値 $\langle x\rangle$ の時間微分を実行する．

$$\begin{aligned}\frac{d}{dt}\langle x\rangle &= \frac{d}{dt}\int \Psi^*(x,t)\, x\, \Psi(x,t)\, dx \\ &= \int\left(\frac{\partial \Psi^*}{\partial t} x\, \Psi + \Psi^* x\, \frac{\partial \Psi}{\partial t}\right) dx.\end{aligned} \tag{2.15}$$

ここで，積分内の x は単なる座標変数なので，$\partial x/\partial t = 0$ を用いた．

Ψ, Ψ^* の関係式を得るため，時間依存シュレディンガー方程式，および両辺の複素共役を用意しておく．

$$\frac{\partial \Psi^*}{\partial t} = \frac{1}{-i\hbar}\left(-\frac{\hbar^2}{2m}\frac{\partial^2 \Psi^*}{\partial x^2} + \Psi^* V(x)\right),$$

$$\frac{\partial \Psi}{\partial t} = \frac{1}{i\hbar}\left(-\frac{\hbar^2}{2m}\frac{\partial^2 \Psi}{\partial x^2} + V(x)\Psi\right).$$

ワンポイント解説

・古典力学に慣れた目で見ると，物体の位置 $x(t)$ は時間に依存する力学変数なので，$\partial x/\partial t \neq 0$ と思ってしまう．量子力学では Ψ が力学変数である．

・ポテンシャルが実数より $V(x)^* = V(x)$．

これらの式を式 (2.15) に代入すると

$$\frac{d}{dt}\langle x \rangle = \frac{\hbar}{2im}\int_{-\infty}^{\infty}\left(\frac{\partial^2 \Psi^*}{\partial x^2}x\Psi - \Psi^* x \frac{\partial^2 \Psi}{\partial x^2}\right)dx$$

$$= \frac{\hbar}{2im}\int_{-\infty}^{\infty} x \frac{\partial}{\partial x}\left(\frac{\partial \Psi^*}{\partial x}\Psi - \Psi^*\frac{\partial \Psi}{\partial x}\right)dx$$

$$= \frac{\hbar}{2im}\left[x\left(\frac{\partial \Psi^*}{\partial x}\Psi - \Psi^*\frac{\partial \Psi}{\partial x}\right)\right]_{-\infty}^{\infty}$$

$$\quad - \frac{\hbar}{2im}\int_{-\infty}^{\infty}\left(\frac{\partial \Psi^*}{\partial x}\Psi(x,t) - \Psi^*\frac{\partial \Psi}{\partial x}\right)dx$$

・1 行目から 2 行目は一見わかりにくいが，2 行目で微分を実行すれば 1 行目に戻ることを確認できる．

となる．ここで，最後の変形で $\partial x/\partial x = 1$ を用いて部分積分を行った．結果の第 1 項目は，$\Psi \to 0 (x \to \pm\infty)$ を用いると 0 になる．

残った積分の中の第 1 項目について部分積分を行い，Ψ に微分記号を移動させると，

$$\frac{d}{dt}\langle x \rangle = -\frac{\hbar}{2im}[\Psi^*\Psi]_{-\infty}^{\infty} + \frac{\hbar}{2im}\int\left(2\Psi^*\frac{\partial \Psi}{\partial x}\right)dx$$

$$= \frac{1}{m}\int\left(\Psi^*(-i\hbar)\frac{\partial}{\partial x}\Psi\right)dx$$

$$= \frac{\langle p \rangle}{m}$$

・部分積分を用い，無限遠方での境界の値 $\Psi \to 0$ $(x \to \infty)$ を代入するのは頻出のテクニックである．

となる．

例題 4 の発展問題

4-1. 期待値の間でニュートンの運動方程式

$$\frac{d\langle p \rangle}{dt} = -\left\langle \frac{\partial V}{\partial x}\right\rangle$$

が成り立つことを示せ．

4-2. 古典的な回転運動の方程式と類似の関係式

$$\frac{d\langle \boldsymbol{r}\times\boldsymbol{p}\rangle}{dt} = -\langle \boldsymbol{r}\times\boldsymbol{\nabla}V\rangle$$

が成り立つことを示せ．

重要度
★★★★★

3 シュレディンガー方程式の解き方

―― 《 内容のまとめ》――

　この章ではポテンシャルが時間に依存しない場合について，1次元シュレディンガー方程式 (2.3) を解き，定常状態を得るための方法を説明する．この場合，エネルギーは不確定さなく値が定まる．ポテンシャル $V(x)$ の関数形は対象とする物理系により異なるが，ここでは最も簡単な無限井戸型ポテンシャルを用いて典型的な手順を説明する．

　シュレディンガー方程式は単なる数学の方程式ではないので，波動関数が満たすべき物理的な要請を考慮して解を定めなければならない．例えば，波動関数は確率密度分布を表現するので，一つの x に対し一つ $\psi(x)$ の値が定まる一価関数でなければならない．問題を解く上で特に重要なのは，波動関数は発散してはならない（「関数が有界である」という）条件と，ポテンシャルが発散しない限りは波動関数とその微分は連続であるという条件である．（波動関数の連続性については例題 8 で詳しく解説する．）

例題5　無限井戸型ポテンシャルのエネルギー

質量 m の粒子が1次元ポテンシャル

$$V(x) = \begin{cases} 0 & (0 < x < a) \\ \infty & (x \leq 0, \, x \geq a) \end{cases} \tag{3.1}$$

中で運動する．定常状態のエネルギーと規格化された波動関数を決定せよ．

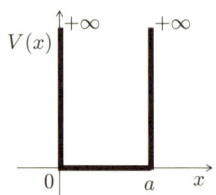

図 3.1: 無限井戸型ポテンシャル．

考え方

無限井戸型ポテンシャルは粒子を幅 a の範囲に閉じ込めた状態を表す．図 3.2 にまとめた Step にそって解を求めてみよう．

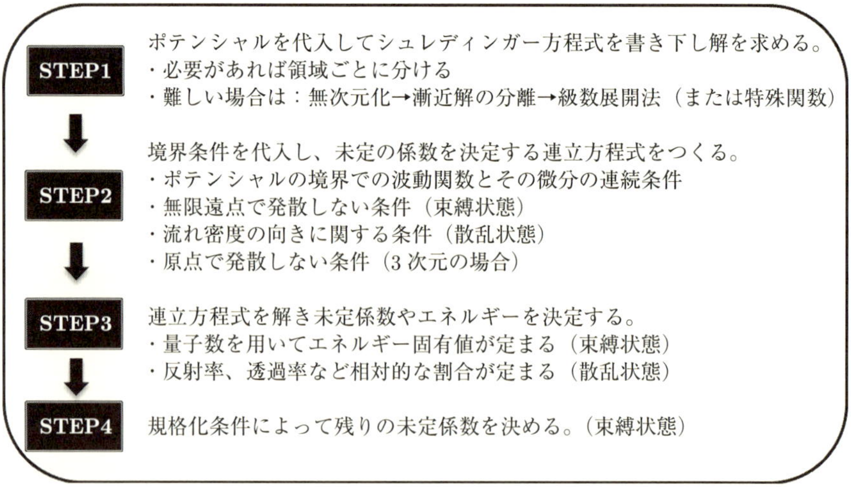

STEP1　ポテンシャルを代入してシュレディンガー方程式を書き下し解を求める。
・必要があれば領域ごとに分ける
・難しい場合は：無次元化→漸近解の分離→級数展開法（または特殊関数）

STEP2　境界条件を代入し、未定の係数を決定する連立方程式をつくる。
・ポテンシャルの境界での波動関数とその微分の連続条件
・無限遠点で発散しない条件（束縛状態）
・流れ密度の向きに関する条件（散乱状態）
・原点で発散しない条件（3次元の場合）

STEP3　連立方程式を解き未定係数やエネルギーを決定する。
・量子数を用いてエネルギー固有値が定まる（束縛状態）
・反射率、透過率など相対的な割合が定まる（散乱状態）

STEP4　規格化条件によって残りの未定係数を決める。（束縛状態）

図 3.2: Schrödinger 方程式を解く手順．

‖解答‖

ポテンシャルは $x \leq 0, a \leq x$ では無限大なので，波動関数は存在できず $\psi = 0$ になる．

一方，$0 < x < a$ では $V = 0$ なので方程式は

$$-\frac{\hbar^2}{2m}\frac{d^2}{dx^2}\psi(x) = E\psi(x) \tag{3.2}$$

と書ける．変形すると

$$\frac{d^2\psi(x)}{dx^2} + k^2\psi(x) = 0, \quad k = \sqrt{\frac{2mE}{\hbar^2}} \tag{3.3}$$

となる．定数係数の2階微分方程式なので

$$\psi(x) = A\sin kx + B\cos kx \tag{3.4}$$

という解が得られる．ここで A, B は未定の係数で，エネルギー E と合わせて未定数は三つある．

この問題の境界は $x = 0, a$ で，その外側の領域では波動関数は0である．境界での連続性から

$$x = 0: \quad B = 0 \tag{3.5}$$

$$x = a: \quad A\sin ka + B\cos ka = 0 \tag{3.6}$$

でなければならない．$A = B = 0$ は解だが物理的に意味がない．この連立方程式の意味のある解は

$$B = 0 \text{ かつ } ka = n\pi \quad (n = 1, 2, 3, \cdots) \tag{3.7}$$

である．ここで n は自然数である．

式(3.3)で定義した k を式(3.7)に代入すると

$$E_n = \frac{\hbar^2}{2m}\left(\frac{n\pi}{a}\right)^2 \quad (n = 1, 2, 3, \cdots) \tag{3.8}$$

ワンポイント解説

・**Step1**: $V(x)$ を代入し，シュレディンガー方程式を解く．

・もし $V(x)$ が無限大の領域で $\psi \neq 0$ ならば，エネルギー期待値 $\int V(x)|\psi|^2 dx$ も無限大になり，物理的にありえない．したがって $\psi = 0$ でなければならない．

・**Step2**: 境界条件を代入して未定数を決める．波動関数の連続条件の詳しい説明は例題8を参照せよ．

Step3: 連立方程式を解き，エネルギーを決定する．$A = B = 0$ では波動関数が常に0となり，粒子が存在しないことになる．

となる．ここでエネルギーは n によって区別されるので，添え字 n を付けて表す．

次に規格化された波動関数を求める．式 (3.4) に式 (3.7) を代入すると，$0 \leq x \leq a$ での波動関数は

$$\psi_n(x) = A \sin \frac{n\pi}{a} x \qquad (n = 1, 2, \cdots) \qquad (3.9)$$

である．ここで波動関数に対しても添え字 n を付けて表すことにする．

未定の定数 A は規格化条件

$$\int_0^a |\psi(x)|^2 dx = |A|^2 \int_0^a \left(\sin \frac{n\pi}{a} x\right)^2 dx = 1 \qquad (3.10)$$

により定める．積分は容易に実行可能で，

$$\int_0^a \frac{1 - \cos \frac{2n\pi}{a} x}{2} dx = \left(\frac{a}{2} - \frac{a}{4n\pi} \left[\sin \frac{2n\pi}{a} x\right]_0^a\right)$$
$$= \frac{a}{2}$$

となる．よって

$$\frac{a}{2}|A|^2 = 1, \quad A = \sqrt{\frac{2}{a}}$$

が得られた．

・n が負の整数の場合も式 (3.7) の解である．しかし $n < 0$ でも $\sin(-x) = -\sin x$ の関係から，定数 A の符号を変えるだけである．規格化定数の符号の任意性は例題 1 で説明した．

Step4: 波動関数に規格化条件を適用し，A を決定する．

・三角関数の半角の公式を用いた．
$\sin^2 \frac{\theta}{2} = \frac{1 - \cos \theta}{2}$

無限井戸型のまとめ

エネルギー，規格化された波動関数は自然数 $n = 1, 2, 3, \cdots$ を用いて

$$E_n = \frac{\hbar^2}{2m} \frac{n^2 \pi^2}{a^2}, \quad \psi_n(x) = \sqrt{\frac{2}{a}} \sin \frac{n\pi}{a} x \qquad (3.11)$$

と表せる．

ここで登場した自然数 n のように，量子力学系を特徴づける数を**量子数** (quantum number) と呼ぶ．量子数に依存してエネルギー E_n はとびとび（離散的）な値をとるが，これは古典力学では予期できない結果である．前期量子論のボーアの模型などでは，量子数の存在を最初に仮定して結果が導かれるが，量子力学では波動関数が満たすべき境界条件から自然に導かれる．

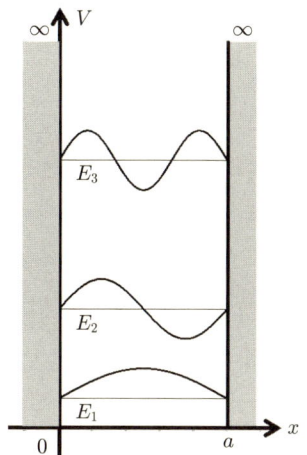

図 3.3: 無限井戸型ポテンシャルの波動関数とエネルギー準位.

一般に，エネルギーが最も低い状態のことを**基底状態** (ground state)，エネルギーが上がるにつれて順番に**第 1 励起状態** (frist excited state)，**第 2 励起状態**などと呼ぶ．図 3.3 の縦軸はエネルギーを表し，各準位の E_n ($n = 1, 2, 3$) の値を細い直線で示している．また，それぞれの準位のエネルギーを x 軸にとって各状態の波動関数を太線で図示している．

例題 5 の発展問題

5-1. 基底状態，第 1 励起状態について確率密度分布を図示せよ．

5-2. 無限井戸型ポテンシャル問題を古典力学で考え，確率密度分布 $\rho_{cl}(x)$ を求めよ．また，$n \to \infty$ での量子力学的な確率密度分布 $\rho(x)$ と比較せよ．

例題6　無限井戸型ポテンシャルの波動関数

無限井戸型ポテンシャルの波動関数を用い，以下の問に答えよ．

(a) 波動関数 ψ_n は以下の関係を満たすことを示せ．
$$\int_0^a dx\, \psi_m(x)\, \psi_n(x) = \delta_{m,n}. \tag{3.12}$$

この関係を規格直交関係という．（記号 $\delta_{m,n}$ については発展問題 2-2 参照．）

(b) 基底状態の波動関数を用いて $\langle \hat{x} \rangle$, $\langle \hat{p}^2 \rangle$ の期待値を計算せよ．

考え方

(a) は三角関数の公式を用いて積分を計算するだけだが，結果が重要な意味を持っている．(b) は式 (1.1), (1.5) にしたがって期待値を計算すればよい．

‖解答‖

(a) 波動関数を代入し，三角関数の積を和に変える公式を用いると，

$$\frac{2}{a}\int_0^a \sin\frac{m\pi x}{a} \sin\frac{n\pi x}{a}\, dx$$
$$= \frac{1}{a}\int_0^a \left[\cos\left(\frac{m-n}{a}\pi x\right) - \cos\left(\frac{m+n}{a}\pi x\right)\right] dx.$$

$m \neq n$ の場合は積分すると $\sin$ になり，$x = 0, a$ を代入すると結局 0 になる．つまり，

$$\int_0^a dx\, \psi_m(x)\, \psi_n(x) = 0$$

である．
$m = n$ の場合は，別途計算をする．

ワンポイント解説

・「直交」という言葉は二つのベクトル間の関係と類似のものである．ベクトルの場合は内積が 0 になることを直交と呼ぶ．

・波動関数が複素数の場合には，左側の関数の複素共役をとり
$$\int dx\, \psi_m^* \psi_n$$
という式で直交性を定義する．

$$\frac{1}{a}\int_0^a \left(1 - \frac{a}{\pi(m+n)}\left[\sin\left(\frac{m+n}{a}\pi x\right)\right]_0^a\right)dx$$
$$= \frac{1}{a}a = 1$$

となる．したがって式 (3.12) が証明された．

(b) 式 (1.5) を用いて計算する．

$$\langle \hat{x}\rangle = \frac{2}{a}\int_0^a \left(\sin\frac{n\pi}{a}x\right) x \left(\sin\frac{n\pi}{a}x\right)dx$$
$$= \frac{2}{a}\int_0^a x\frac{1}{2}\left(1 - \cos\frac{2n\pi}{a}x\right)dx$$
$$= \frac{a}{2}.$$

・第 2 項では部分積分を用いて cos と x の積の項を処理するが，結果的に 0 になる．

つまり，平均的には $x = a/2$ の位置に存在するという結果が得られた．

続いて運動量の 2 乗だが，練習のため最初に $\hat{p}$ の期待値を計算しよう．

$$\langle \hat{p}\rangle = \frac{2}{a}\int_0^a \left(\sin\frac{n\pi}{a}x\right)\left(-i\hbar\frac{d}{dx}\right)\left(\sin\frac{n\pi}{a}x\right)dx$$
$$= \frac{-2i\hbar}{a}\frac{\pi}{a}\int_0^a \sin\frac{n\pi}{a}x\cos\frac{n\pi}{a}x\,dx = 0$$

・この積分計算は (a) とまったく同じである．

となる．

0 になる理由は，ポテンシャル中を右向きに移動する粒子と左向きに移動する粒子が等確率で存在し，キャンセルしたと解釈できる．

$\langle \hat{p}^2\rangle$ は微分を 2 回実行してから積分する．

$$\langle \hat{p}^2\rangle = \frac{2}{a}\int_0^a \sin\frac{n\pi}{a}x\left(-i\hbar\frac{d}{dx}\right)^2 \sin\frac{n\pi}{a}x\,dx$$
$$= \frac{\hbar^2 n^2 \pi^2}{a^2}\frac{2}{a}\int_0^a \sin\frac{n\pi}{a}x\sin\frac{n\pi}{a}x\,dx = \frac{\hbar^2 n^2 \pi^2}{a^2}.$$

最後の行の積分は，規格化の積分とまったく同じであることに注意せよ．

例題6の発展問題

6-1. 例題の波動関数を用い，$\langle x^2 \rangle$ を計算せよ．

6-2. $0 < x < a$ でハミルトニアン $\hat{H} = \hat{p}^2/(2m)$ の期待値を計算し，確かにエネルギー $E_n = \hbar^2 n^2 \pi^2/(2ma^2)$ に等しいことを示せ．

6-3. 級数展開に用いられる関数は完全性と呼ばれる関係を満たしている（詳しくは Appendix 参照）．無限井戸型ポテンシャルの波動関数が完全性の関係

$$\sum_{n=1}^{\infty} \psi_n(x)\,\psi_n^*(x') = \delta(x-x')$$

を満たすことを示せ．ただし，ディリクレ核の関係式

$$\frac{1}{2} + \cos x + \cos 2x + \cos 3x + \cdots = \pi\,\delta(x)$$

は用いてよい．デルタ関数 $\delta(x-x_0)$ は $x=x_0$ では ∞，それ以外の点では 0 となる．詳しくは例題 8 を参照せよ．

6-4. 質量 m の粒子がポテンシャル

$$V(x) = \begin{cases} 0 & (-\frac{a}{2} < x < \frac{a}{2}) \\ \infty & (x \leq -\frac{a}{2}, x \geq \frac{a}{2}) \end{cases} \tag{3.13}$$

中で運動する場合を考える．

(a) エネルギーと波動関数を，例題の結果を平行移動させることで求めよ．

(b) 1次元の座標 x を $x \to -x$ のように変換させることを，1次元のパリティ変換と呼ぶ．例えば，$f(x) = x^2$ の関数は $(-x)^2 = x^2$ なので，変換で変わらない．この場合はパリティ + （偶，even）と呼ぶ．一方，$f(x) = x^3$ は，$(-x)^3 = -f(x)$ となり符号が変わる．この場合をパリティ − （奇，odd）という．

　この問題のポテンシャルはパリティ変換に関して不変である．量子数 n が増えるにしたがい，波動関数のパリティは偶，奇が交互に現れることを確認せよ．

例題 7 波動関数の重ね合わせと古典的運動

無限井戸型ポテンシャル内の任意の状態を表す波動関数 $\Psi(x,t)$ は，定常状態の波動関数 $\psi_n(x)$ の線形結合により

$$\Psi(x,t) = \sum_{n=1}^{\infty} c_n \psi_n(x) \, e^{-iE_n t/\hbar} \tag{3.14}$$

と表せる．ここで，$\psi_n(x)$ は式 (3.11) で決定した解であり，E_n は定常状態のエネルギーである．展開係数 c_n は一般に複素数である．

初期条件として $t=0$ での波動関数を

$$\phi_0(x) = \frac{2}{\sqrt{a}} \sin\left(\frac{3\pi x}{2a}\right) \cos\left(\frac{\pi x}{2a}\right)$$

と与えた場合，$t \, (>0)$ における波動関数 $\Psi(x,t)$ を決定せよ．また，$\Psi(x,t)$ を用いて位置の期待値 $\langle x(t) \rangle$ を計算せよ．

考え方

シュレディンガー方程式を解いて得られた波動関数は規格・完全・直交と呼ばれる関係を満たしており，任意の関数を展開可能である．（この性質については例題 9 や Appendix で触れる．）異なる状態の和で表すことを，**重ね合わせ (superposition)** と呼ぶ．初期条件と直交関係を用いると式 (3.14) の展開係数 c_n は決定可能である．係数 c_n は量子数 n の状態に存在する振幅を表すので，**量子数 n の状態が実現している確率は $|c_n|^2$** となる．

また，計算された位置の期待値 $\langle x(t) \rangle$ は振動運動を示し，古典的な箱の中での運動と類似している．量子力学では，複数の固有状態の重ね合わせの結果として，古典力学に類似した運動が現れる．

‖解答‖

$t=0$ では初期条件に一致するはずなので，

ワンポイント解説

$$\phi_0(x) = \sum_{n=1}^{\infty} c_n \psi_n(x) \qquad (3.15)$$

が成り立つ．未定係数 c_n を決定するには両辺に定常状態の波動関数 ψ_m をかけて積分すればよい．

$$\int_0^a \psi_m(x)\phi_0(x)\,dx = \int_0^a \sum_{n=1}^{\infty} c_n\,\psi_m(x)\,\psi_n(x)\,dx.$$

左辺は ϕ_0 に三角関数の公式を用いて変形し，式 (3.11) を代入して計算すると

$$\int_0^a \sqrt{\frac{1}{a}}\left[\sin\frac{2\pi x}{a} + \sin\frac{\pi x}{a}\right]\sqrt{\frac{2}{a}}\sin\frac{m\pi x}{a}\,dx$$

となる．この積分は例題 6 と同様な方法で実行できる．$m = 1, 2$ の場合に積分値はどちらも $1/\sqrt{2}$ となり，それ以外の m では積分は 0 になる．

一方，右辺は (3.12) の規格直交関係を用いると $m = n$ の場合のみが残る．

$$\int_0^a \sum_{n=1}^{\infty} c_n\,\psi_m(x)\,\psi_n(x)\,dx = c_m.$$

よって，$c_1 = c_2 = 1/\sqrt{2}$，それ以外では $c_n = 0$．

式 (3.14) に戻すと，$t > 0$ での波動関数は

$$\Psi = \sqrt{\frac{1}{a}}\left[\sin\left(\frac{\pi}{a}x\right)e^{-iE_1 t/\hbar} + \sin\left(\frac{2\pi}{a}x\right)e^{-iE_2 t/\hbar}\right]$$

となる．

期待値 $\langle x(t)\rangle$ は定義にしたがって計算すると

$$\langle x(t)\rangle = \int_0^a \Psi^* x \Psi\,dx = \frac{a}{2} - \frac{16\cos(3E_1 t/\hbar)a}{9\pi^2} \qquad (3.16)$$

となる．ポテンシャル内で往復運動をしており，古典力学的な運動と類似している．

・フーリエ級数による展開とまったく同じ手続きである．

・三角関数の積の公式，$\sin\alpha\cos\beta = \frac{1}{2}\{\sin(\alpha+\beta) + \sin(\alpha-\beta)\}$．

・右辺は無限級数であるが，直交関係より $n = m$ の場合のみが残る．

・$|c_m|^2$ が量子数 m の固有状態が実現している確率を表すので，この場合は基底状態と第 1 励起状態が確率 1/2 で混ざった状態である．

・計算は例題 6(b) と同様で，三角関数の積の公式と部分積分を用いる．また，エネルギーについて $E_2 = 4E_1$ となることを用いた．

例題7の発展問題

7-1. 式 (3.14) を用いて

$$\sum_{n=1}^{\infty} |c_n|^2 = 1 \quad \text{および} \quad \langle H \rangle = \sum_{n=1}^{\infty} |c_n|^2 E_n \tag{3.17}$$

を示せ。

7-2. 初期条件として $t=0$ での波動関数を

$$\phi_0(x) = \begin{cases} \sqrt{\dfrac{2}{a}} & \left(0 \leq x \leq \dfrac{a}{2}\right) \\ 0 & \left(\dfrac{a}{2} < x \leq 0\right) \end{cases}$$

と与えた場合, $t(>0)$ における波動関数 $\Psi(x,t)$ を決定せよ. また, 時間 t においてこの粒子が基底状態で測定される確率を求めよ.

7-3. 無限井戸型ポテンシャルの基底状態 $\psi_1(x)$, 第1励起状態 $\psi_2(x)$, それらの混合状態

$$\psi_{mix} = \frac{1}{\sqrt{2}}[\psi_1(x) + \psi_2(x)]$$

を考える. $t=0$ においてこれら三つの状態が与えられたとき, $t>0$ での運動量の期待値 $\langle p(t) \rangle$ をそれぞれの場合で計算せよ.

7-4. 無限井戸型ポテンシャルにおけるある量子状態が, 定常状態の波動関数 ψ_n の線形結合として以下のように表されていた.

$$\Psi = \frac{1}{\sqrt{7}}[\sqrt{2}\psi_1 - 2\psi_2 + \psi_3]$$

この状態のエネルギーを観測したときの期待値を求めよ.

7-5. 幅 a の無限井戸型ポテンシャルの基底状態に粒子が存在していたところ, 瞬間的にポテンシャルの幅が $2a$ に変化した. 変化の直後, 新しいポテンシャルの基底状態に粒子が存在している確率を計算せよ. (ヒント:古いポテンシャルにおける状態を初期条件と解釈し, 新しいポテンシャルの波動関数の重ね合わせで表す.)

4 波動関数の連続性とデルタ関数型ポテンシャル

重要度 ★★★

――《内容のまとめ》――

　量子力学では波動関数は連続関数であることを仮定する．なぜなら，確率密度が不連続であるべきではないからである．逆に，もし不連続な点が存在するならば，そこには確率の湧き出し口や吸い込み口が存在することになる．

　また，波動関数の微分の連続性はポテンシャル $V(x)$ の関数形に依存しており，

> V が発散しない（有界な）関数ならば，波動関数の微分は連続である．

が成り立つ．つまり，通常のポテンシャルの場合には，波動関数自身とその微分は連続である．

　例外的な場合として，ポテンシャルがある点で発散していることもある．このとき

> V が発散する点では，$\psi(x)$ の微分は不連続である．

以上の性質はシュレディンガー方程式を用いて証明できる．

例題 8　波動関数の連続性とデルタ関数ポテンシャル

時間に依存しない 1 次元シュレディンガー方程式

$$-\frac{\hbar^2}{2m}\frac{d^2}{dx^2}\psi(x) + V(x)\psi(x) = E\psi(x) \tag{4.1}$$

を用い，以下の問に答えよ．

(a) $V(x)$ が x の有界な関数ならば，$\dfrac{d\psi}{dx}$ は連続関数であることを示せ．

(b) デルタ関数型のポテンシャル $V = -\alpha\,\delta(x-x_0)$（$\alpha, x_0$ は正の定数）に対しては，波動関数の微分は $x = x_0$ で不連続なことを示せ．

(c) $V = -\alpha\,\delta(x)$ の場合，式 (4.1) を解き基底状態のエネルギーを求めよ．ただし $E < 0$ とする．

考え方

ある関数 $f(x)$ の $x = x_0$ における連続性を知るには，微小量 $\varepsilon\,(>0)$ を導入して

$$f(x_0 - \varepsilon) = f(x_0 + \varepsilon)$$

が成り立つかどうかを確かめればよい．そのために点 x_0 を中心にした微小区間 $[x_0 - \varepsilon, x_0 + \varepsilon]$ の範囲でシュレディンガー方程式を積分する．$\varepsilon \to 0$ の極限をとると，x_0 における ψ の連続性が判明する．

デルタ関数 $\delta(x - x_0)$ は

$$\delta(x - x_0) = \begin{cases} \infty & (x = x_0) \\ 0 & (x \neq x_0) \end{cases} \tag{4.2}$$

であり，その積分が

$$\int_a^b \delta(x - x_0)dx = \begin{cases} 1 & (x_0 \in [a,b]) \\ 0 & (x_0 \notin [a,b]) \end{cases} \tag{4.3}$$

を満たすと定義される．通常の関数とは大きく異なる性質を示し，数学的には超関数と呼ばれる仲間に属する．

物理では，点電荷や質点といった，ある一点でしか値を持たない物理量

を表すのに用いられる[1]．例えば，原点に存在する電荷 q の点電荷の電荷分布密度は $q\delta(\boldsymbol{r})$ と表される．

この章で必要となるデルタ関数の積分公式は，上の二つの定義から導かれる．

$$\int_{-\infty}^{\infty} f(x)\delta(x-a)\,dx = \left(\int_{-\infty}^{\infty} \delta(x-a)\,dx\right) f(a)$$
$$= f(a). \tag{4.4}$$

ここで，最初の等式において，デルタ関数は $x = a$ でのみ値を持つことを利用している．この公式 (4.4) を用いて，ポテンシャルがデルタ関数の場合の微小区間での積分を行う．

‖解答‖

(a) 式 (4.1) を微小区間 $[x_0 - \varepsilon, x_0 + \varepsilon]$ で積分すると，

$$-\frac{\hbar^2}{2m}\int_{x_0-\varepsilon}^{x_0+\varepsilon} \frac{d^2\psi}{dx^2}dx + \int_{x_0-\varepsilon}^{x_0+\varepsilon} V(x)\psi(x)dx$$
$$= \int_{x_0-\varepsilon}^{x_0+\varepsilon} E\psi(x)\,dx$$
$$-\frac{\hbar^2}{2m}\left[\left(\frac{d\psi}{dx}\right)_{x_0+\varepsilon} - \left(\frac{d\psi}{dx}\right)_{x_0-\varepsilon}\right]$$
$$+ 2\varepsilon V(x_0)\psi(x_0) = 2\varepsilon E\psi(x_0)$$

となる．

$\varepsilon \to 0$ の極限をとると，

$$-\frac{\hbar^2}{2m}\left[\left(\frac{d\psi}{dx}\right)_{x_{0+}} - \left(\frac{d\psi}{dx}\right)_{x_{0-}}\right] = 0$$

となる．ここで x_{0+} (x_{0-}) はそれぞれ x_0 の右側（左側）から極限をとった場合を表す．したがって

ワンポイント解説

・左辺のポテンシャル項と右辺の積分は，ε が微小なので幅 2ε の長方形の面積で置き換える．

---

[1] また，ベクトルの直交条件を表す際に用いるクロネッカーのデルタ $\delta_{i,j}$ を，添え字でなく連続的な変数に拡張した場合にも用いられる．

$$\left(\frac{d\psi}{dx}\right)_{x_{0+}} = \left(\frac{d\psi}{dx}\right)_{x_{0-}} \qquad (4.5)$$

となり，x_0 で波動関数の微分は連続である．
(b) 前問と同様に微小区間 $[x_0-\varepsilon, x_0+\varepsilon]$ でシュレディンガー方程式を積分するが，違いはポテンシャル項だけである．ポテンシャル項の積分は式 (4.4) を用いて，

$$-\int_{x_0-\varepsilon}^{x_0+\varepsilon} \alpha\,\delta(x-x_0)\psi(x)dx = -\alpha\,\psi(x_0)$$

となる．$\varepsilon \to 0$ の極限では，

$$-\frac{\hbar^2}{2m}\left[\left(\frac{d\psi}{dx}\right)_{x_{0+}} - \left(\frac{d\psi}{dx}\right)_{x_{0-}}\right] - \alpha\psi(x_0) = 0$$

が成り立つ．

よって

$$\left(\frac{d\psi}{dx}\right)_{x_{0+}} - \left(\frac{d\psi}{dx}\right)_{x_{0-}} = -\frac{2m}{\hbar^2}\alpha\psi(x_0) \qquad (4.6)$$

が得られる．x_0 で波動関数の微分は連続でなくなり，$-2m\alpha\psi(x_0)/\hbar^2$ だけ不連続である．
(c) 原点のみで引力として働くデルタ関数ポテンシャルに対して，シュレディンガー方程式を解く．

$x > 0$ では

$$-\frac{\hbar^2}{2m}\frac{d^2}{dx^2}\psi(x) = E\psi(x) \qquad (4.7)$$

より，$k = \sqrt{-2mE}/\hbar$ を用いて

$$\psi(x) = A\exp[kx] + B\exp[-kx] \qquad (4.8)$$

となる．A, B は未定の定数である．

・デルタ関数を含む積分．
$\int \delta(x-a)f(x)dx = f(a)$

・**Step1**: 領域ごとに方程式を解く．この場合，$x > 0$, $x < 0$ で分けて考える．

・$E < 0$ であることに注意

$x < 0$ でも方程式は同じなので，C, D を未定の定数として

$$\psi(x) = C \exp[kx] + D \exp[-kx] \quad (4.9)$$

である．

$x > 0$ では，$x \to \infty$ の場合に ψ が発散してはならない．よって，式 (4.8) で $A = 0$ でなければならない．また $x < 0$ の式 (4.9) では，$x \to -\infty$ で発散しない条件から，$D = 0$ でなければいけない．

次に $x = 0$ で波動関数が連続であること，および微分については前問 (b) の結果が成り立つことから

$$B = C, \quad (4.10)$$

$$-kB - kC = -\frac{2m}{\hbar^2}\alpha B \quad (4.11)$$

が成り立つ．

式 (4.10) を，式 (4.11) に代入すると

$$2\frac{\sqrt{-2mE}}{\hbar} = \frac{2m}{\hbar^2}\alpha$$

$$\therefore E = -\frac{m\alpha^2}{2\hbar^2}. \quad (4.12)$$

波動関数は

$$\psi(x) = B \exp\left[-\frac{m\alpha}{\hbar^2}|x|\right]$$

と書けるので，規格化積分から

$$\int_{-\infty}^{\infty} dx B^2 \exp\left[-2\frac{m\alpha}{\hbar^2}|x|\right] = 1,$$

$$B = \frac{\sqrt{m\alpha}}{\hbar}$$

が得られる．

・**Step2**: 境界条件を考慮する．波動関数が発散しない条件と，連続性に関する条件である．

・**Step3**: 条件式を解き E を決定する．

・**Step4**: 規格化条件を用いて，未定数を決定する．

得られた波動関数を図 4.1 に示す．原点において波動関数は連続だが滑らかでなく，その微分は不連続である．

また，このポテンシャルに対する解は，$E < 0$ の場合に一つだけ存在する．（特別な例である．）$E > 0$ の場合には式 (4.8), (4.9) からわかるように，波動関数は指数関数でなく振動解となり，x の全領域に広がる．このように，エネルギーの大きさにより波動関数の分布は異なるが，その違いについては例題 10 で説明する．

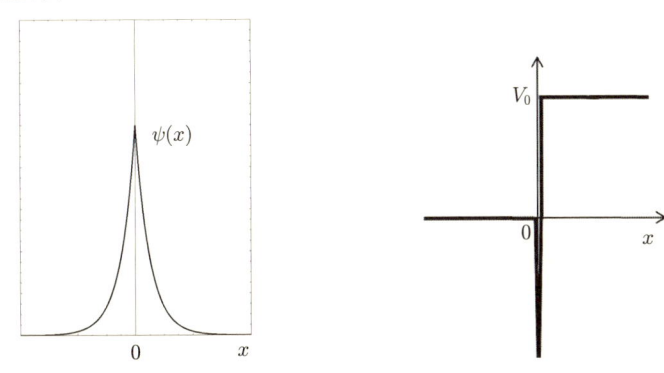

図 4.1: デルタ関数ポテンシャルに対する波動関数．

図 4.2: デルタ関数と階段型のポテンシャル．

例題 8 の発展問題

8-1. 質量 m の粒子が図 4.2 のポテンシャル

$$V(x) = \begin{cases} -g\dfrac{\hbar^2}{m}\delta(x) & (x \leq 0) \\ V_0 & (0 < x) \end{cases}$$

の下で運動するとき，エネルギー E を求めよ．ただし，$g > 0, E < 0$ とする．

8-2. 以下のポテンシャルに対し，エネルギーを決定せよ．ただし，g は正の定数で，$E < 0$ とする．

$$V(x) = -g\dfrac{\hbar^2}{m}(\delta(x+a) + \delta(x-a))$$

重要度 ★★★

5 固有値方程式の一般的性質

―《 内容のまとめ 》―

時間に依存しないシュレディンガー方程式はハミルトニアン演算子に関する固有値方程式と見ることができる．

$$\hat{H}\psi_n = E_n \psi_n \tag{5.1}$$

において E_n を固有値 (eigenvalue)，ψ_n を固有関数 (eigenfunction) または固有状態 (eigenstate) と呼ぶ[1]．ここではエルミート演算子 (Hermitian operator) に着目し，その固有値，固有関数が持つ性質について説明する．

最初に，ある演算子 $\hat{A}$ のエルミート共役 $\hat{A}^\dagger$ を，無限遠方で 0 になる波動関数 ψ_1, ψ_2 を用いて以下のように定義する[2]．

$$\int dx\, \psi_1^* \hat{A}^\dagger \psi_2 \equiv \int dx\, (\hat{A}\psi_1)^* \psi_2 = \left(\int dx\, \psi_2^* \hat{A} \psi_1 \right)^*. \tag{5.2}$$

複素共役をとる点と，$\hat{A}$ が作用する相手が ψ_1 に変わる点に注意してもらいたい．

特に，エルミート共役が自分自身に等しい

$$\hat{A}^\dagger = \hat{A} \tag{5.3}$$

---
[1]「行列 → 演算子，固有ベクトル → 固有関数」と対応させると，線形代数の問題と同値であることがわかる．
[2] 直観的にはわかりにくいが，$\hat{A}$ を行列と思えば，エルミート共役の操作は「複素共役をとって行列を転置」することに対応する．

という特殊な演算子を，エルミート演算子と呼ぶ．

　一般に測定可能な物理量をオブザーバブルと呼び，それを表す演算子はエルミート演算子でなければならない．例題 9(b) で示すように，エルミート演算子の固有値は実数になることが保証されるので，その物理量は観測可能となる．運動量やハミルトニアンなどはエルミート演算子である．

　エルミート演算子の固有関数はその他にも重要な性質を持っており，その一つが，異なる固有値に属する固有関数は直交するという性質である（例題 9(c)）．また，エルミート演算子 A の固有関数を用いて A の期待値を計算すると標準偏差 ΔA は 0 となり，物理量 A は正確に定まる（例題 9(d)）．

　物理量として登場するエルミート演算子で代表的なものは，エネルギー（ハミルトニアン），運動量などである．これらの演算子では，しばしば同じ固有値を持つ複数の異なる状態が存在する場合がある．例えば，式 (5.1) を満たす ψ_A と ψ_B という異なる二つの固有関数に対して，固有値であるエネルギーが $E_A = E_B$ であるような場合である．このような状況を縮退 (degenerate) しているという．異なる n 個の固有関数が同じ固有値を持つとき n 重に縮退しているという．

例題 9　エルミート演算子と固有関数

一般的なエルミート演算子 $\hat{A}$ に対し，固有値方程式

$$\hat{A}\psi_n = a_n\psi_n \tag{5.4}$$

が成り立つとする．ここで a_n は固有値，ψ_n は固有関数である．また固有値に縮退はないものとする．

(a) 運動量演算子 $\hat{p} = -i\hbar\dfrac{d}{dx}$ の複素共役をとると符号が変わるので，一見するとエルミート演算子に見えない．定義式 (5.2) を用いて，運動量はエルミート演算子であることを示せ．

(b) a_n は必ず実数になることを示せ．

(c) 固有値が異なる固有関数 ψ_n, ψ_m （ただし $a_n \neq a_m$）に対しては，直交関係

$$\int \psi_m^*(x)\,\psi_n(x)\,dx = 0 \tag{5.5}$$

が成り立つことを示せ．

(d) 固有関数を用いて $\hat{A}$ の期待値を計算するとき，A の期待値に対する不確定さ ΔA は必ず 0 になることを示せ．

考え方

(a) は定義式に代入して部分積分を行う．その際，波動関数が無限遠方で 0 になることを用いる．(b)〜(d) は固有値方程式とそのエルミート共役（† をとったもの）を用意しておき，それらを組み合わせる．その際，$\hat{A}^\dagger = \hat{A}$ を利用して計算する．

解答

(a) エルミート共役の定義式 (5.2) にしたがい，運動量演算子のエルミート共役 $\hat{p}^\dagger$ を計算すると

$$\int_{-\infty}^{\infty} dx\, \psi_1^* \left(-i\hbar \frac{d}{dx}\right)^\dagger \psi_2$$
$$= \int_{-\infty}^{\infty} dx\, i\hbar \frac{d\psi_1^*}{dx} \psi_2$$
$$= i\hbar [\psi_1^* \psi_2]_{-\infty}^{\infty} + \int_{-\infty}^{\infty} dx\, \psi_1^* (-i\hbar) \frac{d\psi_2}{dx}$$
$$= \int_{-\infty}^{\infty} dx\, \psi_1^* \hat{p} \psi_2$$

となる．ここで，1 行目から 2 行目に移るとき部分積分を用い，波動関数が無限遠方で 0 になることを利用した．よって，$\hat{p}^\dagger = \hat{p}$ が成り立ち，運動量はエルミート演算子である．

(b) 式 (5.4) の複素共役をとると

$$\hat{A}^\dagger \psi_n^* = a_n^* \psi_n^*. \tag{5.6}$$

式 (5.4) の両辺に ψ_n^* をかけて積分したものから，式 (5.6) の両辺に ψ_n をかけて積分したものを引くと

$$\int \psi_n^* \hat{A} \psi_n\, dx - \int \psi_n^* \hat{A}^\dagger \psi_n\, dx$$
$$= (a_n - a_n^*) \int \psi_n^* \psi_n\, dx$$

となる．ここで $\hat{A}^\dagger = \hat{A}$ を用いると左辺は 0 になる．右辺の波動関数の積分は規格化積分と同じなので，0 ではない．よって

$$a_n - a_n^* = 0. \tag{5.7}$$

すなわち，固有値は実数でなければならない．

ワンポイント解説

・このような操作が実行できるためには，波動関数の 2 乗の空間積分が有限であることを仮定している．この条件を「L^2 可積分」条件という．

・演算子のエルミート共役は † を用いて表す．関数や数など演算子でないものについては，複素共役をとればよい．

(c) 式 (5.4) のエルミート共役をとり, n を m にかえて,

$$\hat{A}\psi_m^* = a_m \psi_m^* \tag{5.8}$$

と書いておく. ここで $A^\dagger = A$, および a_m は実数であることを用いた.

式 (5.4) の両辺に ψ_m^* をかけて積分したものから, 式 (5.8) の両辺に ψ_n をかけて積分したものを引くと

$$0 = (a_n - a_m)\int \psi_m^* \psi_n \, dx \tag{5.9}$$

となる. $a_m \neq a_n$ より,

$$\int \psi_m^* \psi_n \, dx = 0 \tag{5.10}$$

となる.

(d) $\langle \hat{A} \rangle$, $\langle \hat{A}^2 \rangle$ を ψ_n を用いて計算する.

$$\langle \hat{A} \rangle = \int \psi_n^* \hat{A} \psi_n dx = a_n \int \psi_n^* \psi_n dx = a_n,$$
$$\langle \hat{A}^2 \rangle = \int \psi_n^* \hat{A}^2 \psi_n dx = a_n^2 \int \psi_n^* \psi_n dx = a_n^2.$$

ここで式 (5.4) を用いて演算子を固有値で置き換え, 最後の等式で規格性を利用している. よって

$$\Delta A = \sqrt{\langle \hat{A}^2 \rangle - \langle \hat{A} \rangle^2} = 0. \tag{5.11}$$

・ψ_n をベクトルのようにみなしたとき（状態ベクトルという）, 量子力学は n が無限まで変化し, ψ_n の絶対値2乗の全空間積分（これを内積という）が正の値をとる無限次元ベクトル空間で定義されていることになる. この空間のことをヒルベルト空間という.

補足：完全性について

例題7では, ハミルトニアンの固有関数の重ね合わせを用いて, 与えられた初期条件の波動関数を展開した. このように, ある関数の組を用いて任意の関数が展開可能であることを保証するのが完全性の条件である. ここではエルミート演算子の固有状態が完全性の性質を持つことを見てみよう. わかりやすくするため, ベクトルと行列の例で考えてみる. ある行列演算子 $\hat{A}$ の固有値

方程式を解いて，固有値 a_n と固有状態ベクトル $\boldsymbol{x}_n$ が求められたとする．

$$\hat{A}\,\boldsymbol{x}_n = a_n\,\boldsymbol{x}_n \tag{5.12}$$

ここでは一般に N 次元のベクトルを考えていて，$\hat{A}$ は $N \times N$ 行列，$\boldsymbol{x}_n$ は N 成分を持つベクトルである．この固有値方程式の解は $n = 1, 2, \cdots, N$ の N 個存在する．(例えば，2 行 2 列の行列で固有値を求めるときは，必ず a_n の 2 次方程式となることはわかるであろう．)

今，固有値に縮退がない場合を考えているので，a_n はすべて異なる値を持っている．さらに例題 9(c) で学んだように，異なる固有値に属する固有ベクトルは直交している．つまり，$\boldsymbol{x}_n$ は N 個の線形独立なベクトルである．我々はもともと N 次元の空間を考えていたのだから，N 個の互いに直交するベクトルがあれば，任意のベクトルはそれらの線形結合で表されることが理解できる．

完全性の条件を数式で表現するには，規格化された固有ベクトルを用いて

$$\sum_{n=1}^{N} x_n x_n^{*t} = \begin{pmatrix} 1 & 0 & 0 \\ 0 & \ddots & 0 \\ 0 & 0 & 1 \end{pmatrix} = \mathbf{1} \tag{5.13}$$

となる．($x_n x_n^t$ は列ベクトルに，それを転置したものをかけているので，行列になる．内積は $\boldsymbol{x}_n \cdot \boldsymbol{x}_n \equiv x_n^{*t} x_n$ なので，こちらは数になる．混同しないように．) 2 行 2 列の場合について，発展問題 9-1 で確認すること．

固有関数 $\phi_n(x)$ の完全性については表現の仕方が異なり，発展問題 3-6 で登場した

$$\sum_{n=1}^{\infty} \psi_n(x)\,\psi_n^*(x') = \delta(x - x') \tag{5.14}$$

が完全性の条件になる．式 (5.13) の形と比べると，単位行列がデルタ関数で置き換わっていることがわかるであろう．なぜこの関係式が完全性を保証するかについては Appendix を参照のこと．

例題 9 の発展問題

9-1. エルミート共役について以下の関係式が成り立つことを示せ．

$$(c\hat{A})^\dagger = c^* \hat{A}^\dagger \quad (c\text{ は定数}), \quad (\hat{A}+\hat{B})^\dagger = \hat{A}^\dagger + \hat{B}^\dagger, \quad (\hat{A}\hat{B})^\dagger = \hat{B}^\dagger \hat{A}^\dagger$$

9-2. 行列演算子

$$\hat{A} = \begin{pmatrix} 0 & i \\ -i & 0 \end{pmatrix}$$

に対して，固有値方程式 $\hat{A}\boldsymbol{x}_n = a_n \boldsymbol{x}_n$ を考える．以下の問に答えよ．

(1) $\hat{A}$ がエルミート演算子であることを確かめよ．

(2) $\hat{A}$ の固有値 a_n を求めよ．また，規格化された固有ベクトル $\boldsymbol{x}_n$ を求めよ．

(3) (2) で得られた固有ベクトルが直交することを確かめよ．

(4) (2) で得られた固有ベクトルが完全性の条件

$$\sum_{n=1}^{2} x_n x_n^{*t} = 1 = \begin{pmatrix} 1 & 0 \\ 0 & 1 \end{pmatrix}$$

を満たすことを確かめよ．

9-3. 式 (5.4) を満たす規格化された二つの状態 ψ_1 と ψ_2 が同じ固有値 a を持ち縮退していた．この場合，例題 9(c) の証明は成立せず，ψ_1 と ψ_2 は一般に直交していない．ここで，新たに ψ_2' を

$$\psi_2' = c_1 \psi_1 + c_2 \psi_2$$

と定義すると，規格直交化された状態 ψ_1, ψ_2' を構成できることを示せ．また，係数 c_i を求めよ．n 重に縮退している場合でも，この手順を繰り返せば直交化された波動関数を作ることができる．この方法をシュミット (Schmidt) の直交化法という．

6 束縛状態と散乱状態：有限井戸型ポテンシャル

重要度 ★★★★

―《 内容のまとめ 》―

シュレディンガー方程式の解は大別すると**束縛状態** (bound state) と**散乱状態**または**連続状態** (scattering or continuum state) に分類できる．束縛状態は粒子がポテンシャルに引き寄せられて，波動関数がある限られた領域に存在する場合である．これを**局在** (localize) するという．一方，散乱状態は波動関数が全空間に広がり無限遠方でも 0 にならない状態で，自由粒子もこれに含まれる．

これらの解は時間に依存しないシュレディンガー方程式 (2.3) を **Step1** から **Step4** の手順で解くことで得られるが，一般に $V(x)$ が複雑な関数の場合は容易でない．ここではポテンシャル $V(x)$ と全エネルギー E の大小関係に注目し，定性的な波動関数の振る舞いを考えてみよう．

シュレディンガー方程式を変形し

$$\frac{d^2\psi(x)}{dx^2} + \frac{2m}{\hbar^2}(E - V(x))\psi(x) = 0 \tag{6.1}$$

と書く．簡単のため，$V(x)$ の変化がゆるやかで定数として考えてもよいとすると，問題は定数係数の 2 階線形微分方程式の解を求めることに帰着する．

6 束縛状態と散乱状態：有限井戸型ポテンシャル

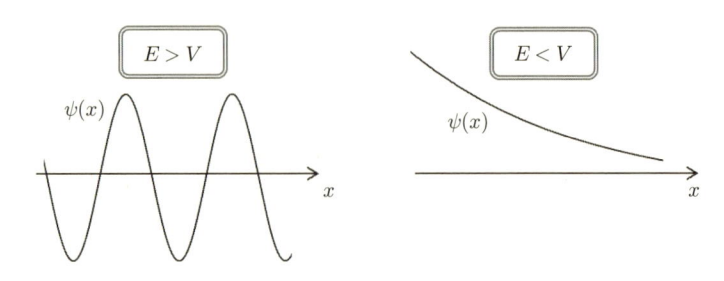

式 (6.1) の解は E と $V(x)$ の大小関係で決定され，上図のように $E > V$ の場合は三角関数の振動解，$E < V$ の場合は x が増えるにしたがって減衰し，0 に近づく指数関数解になる[1]．

$V(x)$ が一般の関数の場合，解は三角関数や指数関数になるとは限らないが，

> $E > V$ なら $\psi(x)$ は定常的，
> $E < V$ なら V が増えるにつれて $\psi(x)$ は減衰

というおおよその振る舞いは変わらない．この原則を理解すると，シュレディンガー方程式を解かなくても波動関数の概形は想像できる．

例えば，図 6.1 左のようなポテンシャル $V(x)$ とエネルギー E が与えられたとする．x 軸の A から B の範囲では $E > V$，その他の領域では $E < V$ である．今までの議論を適用して $\psi(x)$ を推測すると右図のようになる．AB の範囲では定常的（必ずしも振動解ではない）になり，その外側では $\psi(x)$ が減

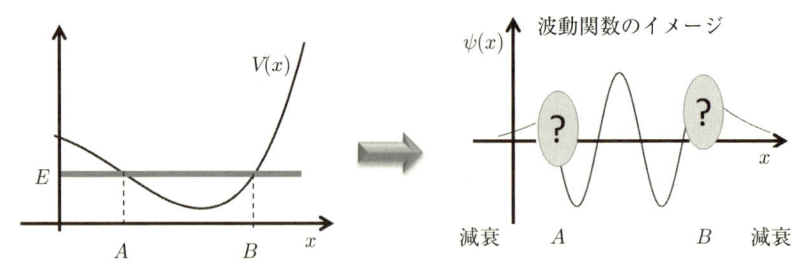

図 6.1: ポテンシャル（左）と得られる波動関数のイメージ（右）．

---

[1] 指数関数で増大する解もあるが，$x \to \infty$ で増大する解は波動関数として不適である．

衰すると想像できる．点 A, B の近傍での振る舞いは簡単に推測できないが，$\psi(x)$ は滑らかに接続されているはずである．

$V(x) > E$ の領域で波動関数が減衰する理由は簡単に理解できる．仮に，$V(x)$ が非常に大きい領域に $\psi(x)$ が分布しているとすると，ポテンシャルエネルギーの期待値 $\int \psi^* V(x) \psi dx$ も非常に大きくなる．ところが，物理系には**物質はエネルギーができるだけ低くなるように分布する**という普遍的な原則がある．その結果，$V(x)$ が大きいならば，$\psi(x)$ が小さくなることで，全体のエネルギーを下げようとする．したがって，$V(x) > E$ の領域では $\psi(x)$ は減衰する．

以上の考え方を適用すると，束縛状態と散乱状態の違いも容易に理解できる．散乱状態とは，波動関数が無限遠方まで広がり減衰しない解のことなので，エネルギーがポテンシャルより大きくなければならない．つまり，1次元の無限遠方の点 $x \to \pm\infty$ におけるポテンシャルの大きさを V_∞ とすると，$\boldsymbol{E > V_\infty}$ の場合に散乱状態が現れる．逆に，$\boldsymbol{E < V_\infty}$ の場合は束縛状態が得られる．以下では有限井戸型ポテンシャルを解いてその様子を学ぶ．

例題 10　有限井戸型ポテンシャル：束縛状態

質量 m の粒子が 1 次元ポテンシャル

$$V(x) = \begin{cases} 0 & (-a < x < a) \\ V_0 & (x \leq -a, x \geq a) \end{cases} \tag{6.2}$$

中で運動するとき，エネルギーと波動関数を決定せよ．ただし，V_0 は正の定数で，$0 < E < V_0$ とする．

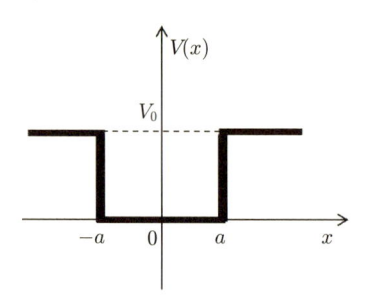

図 6.2: 有限井戸型ポテンシャル．

考え方

無限井戸型の場合と同様に **Step1** から **Step4** までの手順を進める．今回は $x = -a, a$ でポテンシャルが変化するので，場合分けして計算する．

解答

三つの領域でシュレディンガー方程式を書き下すと，

(i) $x \leq -a$:　$-\dfrac{\hbar^2}{2m}\dfrac{d^2\psi}{dx^2} + V_0\psi = E\psi$ 　(6.3)

(ii) $-a < x < a$:　$-\dfrac{\hbar^2}{2m}\dfrac{d^2\psi}{dx^2} = E\psi$ 　(6.4)

(iii) $x \geq a$:　$-\dfrac{\hbar^2}{2m}\dfrac{d^2\psi}{dx^2} + V_0\psi = E\psi$ 　(6.5)

となる．それぞれ 2 階線形で定数係数の微分方程式なので，$\psi(x) = e^{\lambda x}$ を代入して λ に関する特性方程式を解けば解が定まる．

ワンポイント解説

・**Step1**: ポテンシャルを代入しシュレディンガー方程式を解く．

領域 (i), (iii) では，λ は
$$\lambda^2 = \frac{2m}{\hbar^2}(V_0 - E)$$
となる．ここで問題の条件が重要になる．$E < V_0$ のため，λ^2 は必ず正になることが保障され，二つの実数解を持つ．もし条件が $E > V_0$ の場合は λ は虚数になるが，それは次の例題で紹介する．

さて，$k \equiv \sqrt{2m(V_0 - E)}/\hbar$ と定義し，それぞれの領域での解を

(i) $x \leq -a$: $\quad \psi(x) = Ae^{kx} + Be^{-kx}$ (6.6)

(iii) $x \geq a$: $\quad \psi(x) = Fe^{kx} + Ge^{-kx}$ (6.7)

と表す．ここで，A, B, F, G は未定の定数である．

一方，領域 (ii) では特性方程式の解は
$$\lambda^2 = -\frac{2mE}{\hbar^2}$$
となる．E は正の数であるから λ は純虚数となることがわかる．ここで $\ell \equiv \sqrt{2mE}/\hbar$ と定義し，$\lambda = \pm i\ell$ と書けるので

(ii) $\psi(x) = Ce^{i\ell x} + De^{-i\ell x}$ (6.8)

が得られる（C, D は未定の定数）．

得られた波動関数について物理的に適切な境界条件を考慮する．波動関数は発散してはいけないが，領域 (i) の解 (6.6) を見ると，$x \to -\infty$ で ψ の第 2 項目が発散してしまう．したがって，$B = 0$ でなければならない．

同様に領域 (iii) の解 (6.7) では $x \to \infty$ で第 1 項が発散するので，$F = 0$ でなければならない．

続いて $x = -a, a$ での連続条件を考えよう．それぞれの点でポテンシャルは（不連続ではあるが）発散して

・λ^2 の符号が重要なので，特に注意する必要がある．

・エネルギー E は必ずポテンシャルの最小値 V_{min} より大きい．ポテンシャルに運動エネルギーを加えたものが全エネルギー E なので，当然の関係である．例題では $E \geq 0$ でなければならない．発展問題 10-5 参照．

・**Step2**: 境界条件を考慮する．特に無限遠方で波動関数が発散しない条件を忘れないように．図 3.2 を確認しておくこと．

いないので，波動関数とその微分は連続的でなければならない．解 (6.6), (6.8), (6.7) に $x = \pm a$ を代入すると，波動関数の連続条件は

$$Ae^{-ka} = Ce^{-i\ell a} + De^{+i\ell a}, \tag{6.9}$$

$$Ce^{i\ell a} + De^{-i\ell a} = Ge^{-ka} \tag{6.10}$$

である．一方，波動関数を微分して $x = -a, a$ を代入すると，微分の連続条件として

$$kAe^{-ka} = i\ell Ce^{-i\ell a} - i\ell De^{+i\ell a}, \tag{6.11}$$

$$i\ell Ce^{i\ell a} - i\ell De^{-i\ell a} = -kGe^{-ka} \tag{6.12}$$

が得られる．

以上までの段階で解が含む未知数はエネルギー E と係数 A, C, D, G である．この5つに対し条件は式 (6.9)～(6.12) の4つなので足りないように見えるが，波動関数の規格化条件がもう一つあるので，すべての未知数は決定可能である．

さて式 (6.9)～(6.12) を解く順序が問題である．まず，A, G を消去しよう．式 (6.11) に式 (6.9) を代入して A を消去し，式 (6.12) に式 (6.10) を代入して G を消去する．その2式の辺々の和や差をとると，

$$[k - \ell \tan(\ell a)](C + D) = 0, \tag{6.13}$$

$$[k + \ell \cot(\ell a)](C - D) = 0 \tag{6.14}$$

が得られる．これら二つの式が同時に **0** になるためには，次の二つの可能性しかない．つまり

case I: $k - \ell \tan(\ell a) = 0$ かつ $C = D$

が成り立つか，または

case II: $C = -D$ かつ $k + \ell \cot(\ell a) = 0$

・4つの条件式を解くには，方針を決めることが大事である．A, G は確実に0ではない．もし0なら外側で波動関数がなくなってしまう．逆にこの段階では C, D はどちらかが0である可能性がある．

例題 10　有限井戸型ポテンシャル：束縛状態　　45

が成り立つ場合である．

　k や ℓ はエネルギー E の関数なので，I, II の条件式を解けば E が定まる．これらの条件式は解析的に解けないので，コンピュータを用いて数値的に解く必要がある．ここでは図に表すことで，どのような解を持つか理解してみよう．$\xi = ka$, $\eta = \ell a$ と置き，k と ℓ の定義を思い出すと

$$\xi^2 + \eta^2 = \frac{2ma^2}{\hbar^2} V_0 \tag{6.15}$$

と表せる．一方，I, II の条件は

$$\xi = \eta \tan(\eta), \tag{6.16}$$
$$\xi = -\eta \cot(\eta) \tag{6.17}$$

となる．したがって，case I の解は，$\xi\eta$ 座標面において式 (6.15) と式 (6.16) のグラフの交点に対応し，case II の解は式 (6.15) と式 (6.17) の交点となる．case I, II を図 6.3 の左，右に図示する．V_0 の値を与えると円の半径が定まるので，交点の座標 ξ, η の値が決定され，エネルギーが定まる．グラフ上の交点の数がこのポテンシャルに束縛される状態の数を表す．ポテンシャル V_0 が増すと半径が増え，その結果グラフ上の交点の数が増えるので，束縛状態の数が増える．図中では，$(2ma^2V_0)/\hbar^2 = 16$ を与えたので，束縛状態が三つ存在する．

　ξ, η が定まると波動関数も書き下すことができる．case I の場合は $C = D$ なので，$2C = C'$ とおくと

$$\psi(x) = \begin{cases} C' e^{ka} \cos(\ell a) \cdot e^{kx} & (x \le -a) \\ C' \cos(\ell x) & (-a < x < a) \\ C' e^{ka} \cos(\ell a) \cdot e^{-kx} & (x \ge a) \end{cases} \tag{6.18}$$

となる．一方，case II の場合は $C = -D$ なので，

・この図形は $\xi\eta$ 平面の円である．半径は $\sqrt{2ma^2V_0}/\hbar$ である．

・$\tan\eta$ のグラフは $\eta = \pi/2, 3\pi/2, \cdots$ で不連続である．

・円の半径が 0 でない限り，少なくとも一つ束縛状態が存在することがわかる．

$$\psi(x) = \begin{cases} -C'e^{ka}\sin(\ell a) \cdot e^{kx} & (x \le -a) \\ C'\sin(\ell x) & (-a < x < a) \\ C'e^{ka}\sin(\ell a) \cdot e^{-kx} & (x \ge a) \end{cases} \quad (6.19)$$

となる．C' は規格化積分により定める．図 6.3 の三つの解に対応する波動関数を図 6.4 に示した．

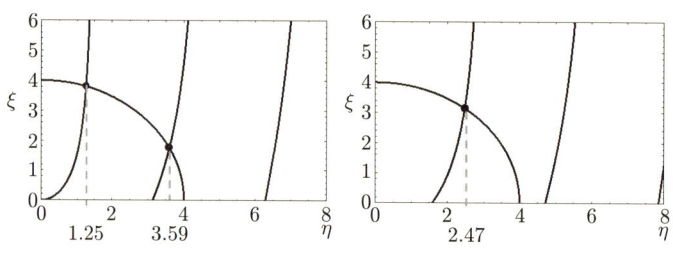

図 6.3: $(2ma^2V_0)/\hbar^2 = 16$ の場合．左図が case I, 右図が case II.

補足：古典力学との比較

古典力学では $E < V_0$ の場合，ポテンシャルの壁を越えられないので，粒子は $-a < x < a$ の範囲にしか存在できない．一方，量子力学では図 6.4 に示すように，$E < V_0$ の場合でも，$|x| > a$ での波動関数は 0 にならない．これを，

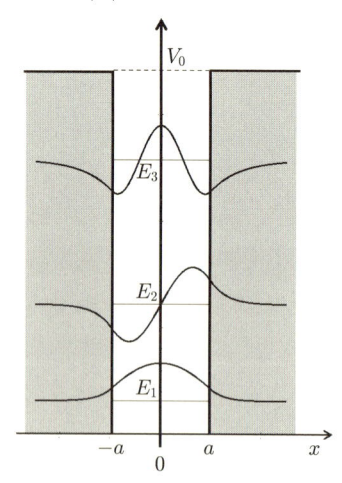

図 6.4: 波動関数の概形．

古典的に禁止される領域に波動関数がしみだしていると表現し，量子力学の特徴をよく反映した現象である．

ただし，$V_0 \to \infty$ の極限においては，式 (6.6), (6.7) からわかるように，しみだし部分は 0 になる．この結果は無限井戸型の例題 5 で，$x = \pm a$ での境界条件を $\psi = 0$ としたことを保証している．

例題 10 の発展問題

10-1. 束縛状態の解が一つのみの場合に，V_0 の満たすべき条件を求めよ．

10-2. 例題の波動関数，エネルギーは，$V_0 \to \infty$ では例題 5 の無限井戸型の解と一致することを示せ．

10-3. 幅 $2a$，深さが V_0 の井戸型ポテンシャルを考える．$a \to 0$ かつ $V_0 \to \infty$ の極限でこのポテンシャルはデルタ関数的になる．例題 8 の $V = -\alpha \delta(x)$ と対応させるには，$V_0 \times 2a = \alpha$ と考えればよい．case I の条件式にこの極限操作を行うと，例題 8(c) の結果を再導出できることを示せ．

10-4. 基底，第 1 励起，第 2 励起状態のエネルギーを E_1, E_2, E_3 とすると，例題 5 の無限井戸型ポテンシャルの場合には $E_1 : E_2 : E_3 = 1 : 4 : 9$ であった．一方，有限井戸型ポテンシャルで図 6.3 の場合には，交点が $\eta = 1.25, 2.47, 3.59$ なので，$E_1 : E_2 : E_3 = 1 : 3.90 : 8.24$ となる．エネルギー準位の間隔は有限井戸型の場合の方が必ず狭くなるが，その理由をポテンシャルの形を考慮して説明せよ．

10-5. 一般に波動関数が無限遠方で 0 になり，積分 $\int |\psi|^2 dx$ が有限であるなら，E は必ず離散的になることを示せ．（ヒント：エネルギー固有値 E に対する微小変化 δE を考え，必ず $\delta E = 0$ になることを示す．）

10-6. 規格化可能な波動関数がシュレディンガー方程式の解であるとき，エネルギー E とポテンシャル $V(x)$ の最小値 V_{min} の間に，$E \geq V_{min}$ の関係が成り立つことを示せ．

例題 11　有限井戸型ポテンシャル：散乱状態

有限井戸型ポテンシャル (6.2) に対し，$E > V_0$ の場合は，エネルギー固有値は連続的な値をとりうることを説明せよ．

考え方

考え方は前問と同じであるが，$E > V_0$ のため波動関数が無限遠方でも 0 にならない．このような解を散乱状態と呼ぶ．

‖解答‖

前問と同様に領域 (i), (ii), (iii) に分けて考える．領域 (i), (iii) で特性方程式を解くと，λ は

$$\lambda^2 = -\frac{2m}{\hbar^2}(E - V_0)$$

となる．今回は $E > V_0$ のため λ^2 は必ず負になり，振動解が得られる．$\kappa \equiv \sqrt{2m(E - V_0)}/\hbar$ を定義し，純虚数 $\lambda = \pm i\kappa$ を用いて

(i) $x \leq -a$: $\quad \psi(x) = Ae^{i\kappa x} + Be^{-i\kappa x}$ （6.20）

(iii) $x \geq a$: $\quad \psi(x) = Fe^{i\kappa x} + Ge^{-i\kappa x}$ （6.21）

と表す．ここで，A, B, F, G は未定の定数である．

一方，領域 (ii) では特性方程式の解は

$$\lambda^2 = -\frac{2mE}{\hbar^2}$$

なので，前問と同様 $\ell \equiv \sqrt{2mE}/\hbar$ を用いて

(ii) $|x| < a$: $\quad \psi(x) = Ce^{i\ell x} + De^{-i\ell x}$ （6.22）

が得られる（C, D は未定の定数）．

境界 $x = -a, a$ で波動関数とその微分が連続的であることを要請する．解 (6.20), (6.22), (6.21) から連続条件は

ワンポイント解説

- **Step1**: ポテンシャルを代入しシュレディンガー方程式を解く．

- **Step2**: 境界条件を考慮する．前問では $x \to \infty$ での振る舞いを考慮し，発散する解を消去した．しかし，今回は振動解が無限遠方まで広がっており，発散はしないので，定数を減らすことはできない．

$$Ae^{-i\kappa a} + Be^{i\kappa a} = Ce^{-i\ell a} + De^{+i\ell a}, \quad (6.23)$$

$$Ce^{i\ell a} + De^{-i\ell a} = Fe^{i\kappa a} + Ge^{-i\kappa a} \quad (6.24)$$

である．一方，波動関数の微分の連続条件は，

$$\kappa(Ae^{-i\kappa a} - Be^{i\kappa a}) = \ell(Ce^{-i\ell a} - De^{i\ell a}), \quad (6.25)$$

$$\ell(Ce^{i\ell a} - De^{-i\ell a}) = \kappa(Fe^{i\kappa a} - Ge^{-i\kappa a}) \quad (6.26)$$

が得られる．以上の方程式が含む未知数はエネルギー E と係数 A, B, C, D, F, G である．未知数 7 つに対し，式 (6.23)〜(6.26) の 4 つと波動関数の規格化条件である．よって，エネルギー固有値 E は離散的にならず，初期条件に応じていかなる値もとりうる．

・波動関数が無限遠方まで広がるので，規格化の積分が収束せず，通常の方法では規格化定数を定義できない．境界条件の数も十分ではない．このような場合の取り扱いは，次の第 7 章で扱う．

例題 11 の発展問題

11-1. 図 6.5 のポテンシャルで散乱状態が存在する場合，エネルギー E の満たすべき条件を求めよ．

11-2. 図 6.6 のポテンシャルで散乱状態が存在する場合，エネルギー E の満たすべき条件を求めよ．

11-3. 図 6.5，図 6.6 に対し束縛状態が存在し，それらの基底状態のエネルギーは等しかった．基底状態の波動関数は定性的にどのように異なるか説明せよ．

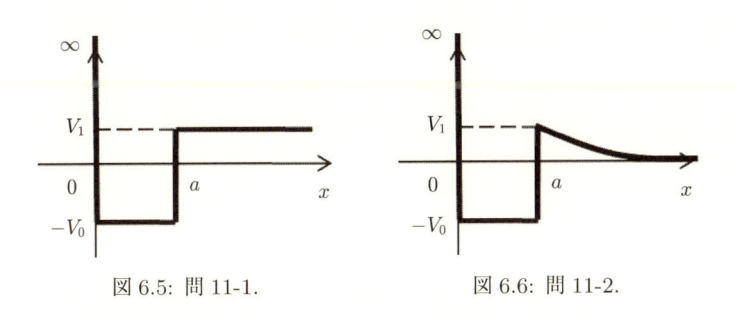

図 6.5: 問 11-1.　　　図 6.6: 問 11-2.

7 自由粒子

重要度 ★★★

―《 内容のまとめ 》―

　自由粒子 (free particle) はポテンシャルが 0 の状態で，波動関数は全空間に広がっており $x \to \pm\infty$ で 0 にならない．そのため，通常の方法 (1.4) 式では規格化できない．この困難を解決する一つの方法が，粒子の存在領域を $(-\infty, \infty)$ の区間ではなく，長さ L の領域に限定する操作である．計算の最後に L を無限大とすれば，必要な結果が得られる．

　その上で，波動関数が区間 L で周期的である条件 $\psi(x+L) = \psi(x)$ を要請する．すると固有値は離散的な値をとることになり (例題 12(b))，波動関数は整数 n を用いて

$$\psi_n(x) = \frac{1}{\sqrt{L}} e^{ip_n x/\hbar}, \quad p_n = \frac{2\pi\hbar}{L} n \qquad (7.1)$$

と表せる．この条件を**周期境界条件** (periodic boundary condition) という．その結果，自由粒子の波動関数は規格直交関係

$$\int_0^L \psi_m^*(x)\,\psi_n(x)\,dx = \delta_{m,n} \qquad (7.2)$$

を満足するようになり，扱いが容易になる[1]．

　自由粒子の波動関数は運動量演算子の固有状態にもなっている．1 次元の自由粒子は，運動の向きにより，正の運動量，負の運動量の二つの固有状態が存在する．固有関数の性質から，自由粒子解 (7.1) を用いて運動量の不確定さを計算すると 0 になる．

---

[1] 周期境界条件を用いず，直交関係を δ 関数を用いて表す方法もある．

例題 12 自由粒子の波動関数

1次元自由粒子に対するシュレディンガー方程式

$$-\frac{\hbar^2}{2m}\frac{d^2\psi}{dx^2} = E\psi \tag{7.3}$$

を用いて以下の問に答えよ．

(a) 自由粒子解は運動量の大きさ $p = \sqrt{2mE}$ を用いて $e^{ipx/\hbar}$, $e^{-ipx/\hbar}$ と表せることを示せ．また，それぞれの流れ密度 j を計算し，前者が x 軸正方向，後者は負方向に進む解であることを説明せよ．

(b) 周期境界条件 $\psi(x) = \psi(x+L)$ を仮定し，区間 L での規格化条件を用いて式 (7.1) を導け．

(c) 式 (7.1) は運動量演算子 $\hat{p}$ の固有関数にもなっていることを説明せよ．また式 (7.1) を用いて自由粒子では $\Delta p = 0$ になることを示せ．

考え方

区間 L の領域に粒子が一つ存在すると考えて規格化する．

解答

(a) 解は定数 A, B を用いて

$$\psi(x) = A e^{ipx/\hbar} + B e^{-ipx/\hbar} \tag{7.4}$$

と書ける．時間の部分の解も合わせて

$$\Psi(x,t) = \left[A e^{ipx/\hbar} + B e^{-ipx/\hbar} \right] e^{-iEt/\hbar} \tag{7.5}$$

となる．式 (2.6) にしたがい確率流れ密度を計算しよう．式 (7.5) の第 1 項を式 (2.6) に代入すると

$$\begin{aligned} j_1(x,t) &= \frac{\hbar}{2im}\Big(A^* e^{-ipx/\hbar} A \frac{\partial e^{ipx/\hbar}}{\partial x} \\ &\quad - A e^{ipx/\hbar} A^* \frac{\partial e^{-ipx/\hbar}}{\partial x} \Big) \\ &= \frac{p}{m}|A|^2 \end{aligned} \tag{7.6}$$

ワンポイント解説

・散乱状態の波動関数なので，エネルギー E は連続的な値をとりうる数である．

となる．同様に，波動関数 (7.5) の第 2 項を代入して計算した流れ密度は

$$j_2(x,t) = -\frac{p}{m}|B|^2 \qquad (7.7)$$

となる．この二つの状態はエネルギーは等しいが，一方が x 軸正方向へ，他方が負の方向への流れを表し，明確に区別しうる．つまり，1 次元の自由粒子は一つのエネルギー準位に運動方向の異なる二つの状態が縮退している．

(b) 区間 L の周期境界条件 $\psi(x) = \psi(x+L)$ を課すと，正方向に進む自由粒子解 $Ae^{ipx/\hbar}$ に対しては

$$e^{ipx/\hbar} = e^{ip(x+L)/\hbar}, \quad e^{ipL/\hbar} = 1$$

が成り立たねばならない．したがって，運動量 p は

$$p_n = \frac{2\pi\hbar}{L}n \quad (n \text{ は整数}) \qquad (7.8)$$

となり，とびとびの値をとるようになる．負方向の解も同様である．

　幅 L の領域内に存在する確率が 1 になるように規格化条件を課す．計算は容易で

$$\int_0^L |Ae^{ipx/\hbar}|^2 dx = 1$$

から $A = 1/\sqrt{L}$ である．周期境界条件を満たす正の方向に進む自由粒子解は

$$\Psi(x,t) = \frac{1}{\sqrt{L}} e^{ip_n x/\hbar} e^{-iE_n t/\hbar} \qquad (7.9)$$

となる．ここで，$E_n = p_n^2/(2m)$ とした．この関数が直交条件を満足することは容易に示せる．

(c) (a) で得られた二つの解は，運動量演算子 $\hat{p}$ の固有状態であることを示す．$\hat{p} = -i\hbar\frac{d}{dx}$ なので，$\hat{p}$ を

・これらの結果から，流れは古典的速さ p/m に比例すること，流れの大きさは振幅の絶対値 2 乗に比例することがわかる．

・無限井戸型のような束縛系では，流れの向きで状態を区別できない．ある方向に進んだ粒子は，ポテンシャルの端で反射され，向きを変えて戻ってくるので，運動方向を限定できないのである．

・まず周期 L を仮定して波動関数を規格化しておく．最終的に期待値など物理量を計算した後で，$L \to \infty$ の極限操作を施す．

式 (7.1) の二つの解に作用させると，

$$-i\hbar\frac{d}{dx}\left(\frac{1}{\sqrt{L}}e^{ip_n x/\hbar}\right) = p_n\frac{1}{\sqrt{L}}e^{ip_n x/\hbar},$$

$$-i\hbar\frac{d}{dx}\left(\frac{1}{\sqrt{L}}e^{-ip_n x/\hbar}\right) = -p_n\frac{1}{\sqrt{L}}e^{-ip_n x/\hbar}$$

となり，予期した通り運動量演算子についての固有値方程式を満たしている．これら2式から，正方向に進む解は固有値 p_n，負の方向に進む解は $-p_n$ の固有値を持つこともわかる．我々は元々ハミルトニアンの固有状態を求めていたので，自由粒子波動関数はハミルトニアンと運動量の同時固有状態になっている．

・運動量演算子の固有値方程式は $\hat{p}\psi_n = p_n\psi_n$ である．

さて，運動量の期待値を式 (7.1) を用いて計算すると

$$\langle\hat{p}\rangle = \frac{1}{L}\int_0^L e^{-ip_n x/\hbar}\left(-i\hbar\frac{d}{dx}\right)e^{ip_n x/\hbar}\,dx$$

$$= \frac{1}{L}\left(-i\hbar\frac{ip_n}{\hbar}\right)L = p_n,$$

$$\langle\hat{p}^2\rangle = p_n^2.$$

よって

$$\Delta p = \sqrt{\langle p^2\rangle - \langle p\rangle^2} = 0 \qquad (7.10)$$

となる．

・周期境界条件により運動量は離散化されるが，$L \to \infty$ の極限では p は連続変数に戻ることを理解しておくこと．

例題12の発展問題

12-1. 自由粒子の波動関数を用いて，位置の期待値 $\langle x\rangle$ およびその2乗 $\langle x^2\rangle$ を計算せよ．そこから位置の不確定さ Δx を計算せよ．

重要度 ★★★

8 不確定性と同時固有状態

―《 内容のまとめ 》―

量子力学は 1926 年に Heisenberg らの行列力学と，Shrödinger の波動方程式が提唱され，Max Born が波動関数の確率解釈を見出すことで一応の完成を見た．量子力学の不思議さを明確な形で主張したのが，1927 年に Heisenberg により提唱された**不確定性原理**である．例えば，「運動量」と「位置」という物理量を考えたとき，運動量の不確定さ Δp と位置の不確定さ Δx は 0 にはならず，それらの積には最小値が存在し，

$$\Delta x \cdot \Delta p \geq \frac{\hbar}{2} \tag{8.1}$$

が成り立つ．この関係を**不確定性関係** (uncertainty relation) という．

今日的な観点から見れば，不確定性関係は量子力学から導かれる単なる関係式であって，この関係式が原理となって量子力学を支えているわけではない[1]．しかしながら，式 (8.1) のような簡単な関係を用いると，シュレディンガー方程式に頼らずに物理量のおおよその大きさを評価できるので便利である．

一般に，演算子 $\hat{A}, \hat{B}$ が表す物理量の分散に対して以下が成り立つ．

$$\Delta A^2 \cdot \Delta B^2 \geq \left(\frac{\langle [\hat{A}, \hat{B}] \rangle}{2i}\right)^2 \tag{8.2}$$

この式は**一般化された不確定性関係**である（発展問題 14-1 参照）．

---
[1] ハイゼンベルグは思考実験から不確定性関係を導いているが，そこでは理論的な標準偏差や観測における誤差などを明確に定義せずに混同している（そのことはボーアによって指摘された）．最近実験的に示された不確定性原理の修正は，測定の誤差に関連する関係式に対するものであって，量子力学の理論的枠組みは一切変更を受けない．

8 不確定性と同時固有状態

不確定性は量子力学を用いて明確に定義することが可能であるが，特に興味深いのは，**不確定さが 0 になる**量子力学的状態である．自由粒子状態はエネルギーと運動量の不確定さが同時に 0 になったが，一般的にどのような場合に，二つ以上の物理量が同時に正確に決定できるのだろうか？

我々はハミルトニアン演算子 $\hat{H}$ の固有状態である波動関数を用いて物理量を計算する．ポテンシャルが時間に依存しないとき，シュレディンガー方程式は，

$$\hat{H}\psi_n = E_n\psi_n \tag{8.3}$$

の固有値方程式に帰着し，定常状態が得られる．この場合，エネルギーの不確定さ ΔE は常に 0 となることを例題 3 で示した．

さらに，ある物理量 A を表す演算子 $\hat{A}$ がハミルトニアンと交換するとき

$$[\hat{H}, \hat{A}] = 0 \tag{8.4}$$

には，$\hat{H}$ の固有関数は $\hat{A}$ の固有関数にもなる (例題 14)．

$$\hat{A}\psi_{n,i} = a_i\psi_{n,i} \tag{8.5}$$

ここで，a_i は $\hat{A}$ の固有値である．このように，一つの状態 $\psi_{n,i}$ が二つの演算子の固有状態になる場合，同時固有状態であるという．このとき不確定性 $\Delta E, \Delta A$ は共に 0 になる．この性質のため，量子力学においてハミルトニアンと同時固有状態になる演算子は貴重で極めて有用である．また，この場合例題 14 で示すように，$\hat{A}$ の期待値 $\langle A \rangle$ は時間に依存せず一定になる．

以上の結果を表にまとめておく．

一般の場合	どの物理量の不確定さも 0 でない
定常状態の場合	$\Delta E = 0$
定常状態で，かつ $[\hat{H}, \hat{A}] = 0$ の場合	$\Delta E = \Delta A = 0$

同時固有状態になる例は，「自由粒子ハミルトニアンと運動量」，「3 次元球対称ハミルトニアンと角運動量」，「角運動量の大きさと z 成分」，「原点対称なポテンシャルとパリティ変換演算子」などがある．

例題13　不確定性関係

質量 m の粒子が調和振動子ポテンシャル（1次元）として，

$$E = \frac{p^2}{2m} + \frac{1}{2}m\omega^2 x^2 \quad (\omega\text{ は正の定数}) \tag{8.6}$$

に束縛されるとき，不確定性関係 (8.1) を用いて，量子力学的なエネルギーは決して 0 にならず，最低値 $E_{min} > 0$ が存在することを示せ．

考え方

不確定性関係を代入して評価する．また，古典的な安定点はエネルギーが極小になる点であるが，量子力学でもそれは同じである．

解答

古典的な基底状態（最低エネルギー状態）は $x = 0$, $p = 0$ である．そこからのずれを x, p と表すと，不確定性関係から $xp \sim \hbar/2$ である．この式を用いて p を消去し，エネルギーの式 (8.6) に代入すると

$$E = \frac{\hbar^2}{8mx^2} + \frac{1}{2}m\omega^2 x^2$$

となる．安定点はエネルギーを極小にする点で実現されるはずなので，

$$\frac{dE}{dx} = -\frac{\hbar^2}{4mx^3} + m\omega^2 x = 0 \quad \therefore x = \sqrt{\frac{\hbar}{2m\omega}}$$

となる．つまり，基底状態は必ず有限な位置，運動量を持つことがわかる．

再びエネルギーの式に代入すると

$$E = \frac{2\hbar^2 m\omega}{8m\hbar} + \frac{1}{2}m\omega\frac{\hbar}{2m\omega} = \frac{1}{2}\hbar\omega$$

が得られる．この値が E_{min} である．このエネルギーのことを零点エネルギーと呼ぶ．

ワンポイント解説

・古典的に考えると，最低エネルギー状態は $x = p = 0$ の場合で，全エネルギーも 0 である．

・ここで得られる最低エネルギーの値は，（偶然にも）シュレディンガー方程式から得られる正しい答と一致している．

例題 13 の発展問題

13-1. 水素原子は原子核のまわりを電子が円運動している物理系と考えると，そのエネルギーは円運動の半径 r を用いて

$$E = \frac{p^2}{2m} - \frac{1}{4\pi\varepsilon_0}\frac{e^2}{r}$$

と与えられる．不確定性関係を用いて，電子のおおよその速さと，おおよそのエネルギーを計算せよ．

13-2. 原子は原子核に電子が束縛された物理系で，そのエネルギーは $1\,\mathrm{eV}$ 程度である．一方，原子核は陽子や中性子が束縛された物理系で，そのエネルギーは $1\,\mathrm{MeV} = 1\times10^6\,\mathrm{eV}$ 程度である．原子の大きさは原子核の大きさのおよそ何倍になるか不確定性関係を用いて評価せよ．ただし，陽子，中性子の質量は電子の約 2000 倍である．

例題 14　同時固有状態

同時固有状態について以下の問に答えよ．

(a) 二つの演算子 $\hat{A}, \hat{B}$ が $[\hat{A}, \hat{B}] = 0$ を満たす．演算子 $\hat{A}$ の固有値方程式

$$\hat{A}\psi_a = a\psi_a \tag{8.7}$$

を満たす固有関数 ψ_a（固有値 a）は演算子 $\hat{B}$ の固有関数でもあることを示せ．(A, B に縮退はないものとする．) また，その固有関数を用いて $\hat{A}, \hat{B}$ の標準偏差を計算すると，どちらも 0 になることを示せ．

(b) シュレディンガー方程式を用い，あるエルミート演算子 $\hat{A}$ について

$$\frac{d\langle A \rangle}{dt} = \frac{i}{\hbar}\langle[\hat{H}, \hat{A}]\rangle + \left\langle \frac{\partial A}{\partial t} \right\rangle \tag{8.8}$$

が成り立つことを示せ．$\hat{A}$ があらわに時間に依存しない場合，$\hat{A}$ と $\hat{H}$ が交換するなら，$\hat{A}$ の表す物理量は保存量である．

考え方

交換関係が 0 なので，演算子の順番を自由に入れ替えられることを利用し，固有値方程式を解釈し直す．(b) はシュレディンガー方程式とその複素共役を用いて，期待値の時間微分を計算していく．

解答

(a) 式 (8.7) の両辺に $\hat{B}$ を作用させると

$$\hat{B}\left(\hat{A}\psi_a\right) = \hat{B}\left(a\psi_a\right) = a\hat{B}\psi_a, \tag{8.9}$$

$[\hat{A}, \hat{B}] = 0$ から $\hat{A}, \hat{B}$ は交換可能なので，式 (8.9) の左辺の順番を入れ替えると，

$$\hat{A}\left(\hat{B}\psi_a\right) = a\left(\hat{B}\psi_a\right) \tag{8.10}$$

が得られる．この式を式 (8.7) と比較すると，状態 $B\psi_a$ はやはり $\hat{A}$ の固有関数と解釈しなければなら

ワンポイント解説

・「交換関係が 0」は，演算子の順番を交換できることを意味する．

ない．

よって，b を 0 でない定数とすれば
$$\hat{B}\psi_a = b\psi_a \quad (8.11)$$
と表される．この式はまさしく $\hat{B}$ の固有値方程式を表現しており，固有値 b を与えると解釈できる．

そこで ψ_a を改めて ψ_{ab} と書き，$\hat{A}, \hat{B}$ に対してそれぞれ固有値 a, b を与える同時固有状態とする．

この固有状態における不確定性は式 (8.7), (8.11) を用いて容易に計算できる．ψ_{ab} が規格化されているとすると
$$\langle \hat{A} \rangle = \int \psi_{ab}^* \hat{A} \psi_{ab}\, dx = a \int \psi_{ab}^* \psi_{ab}\, dx = a,$$
$$\langle \hat{A}^2 \rangle = \int \psi_{ab}^* \hat{A}^2 \psi_{ab}\, dx = a^2 \int \psi_{ab}^* \psi_{ab}\, dx = a^2$$
となるので
$$\Delta A = \sqrt{\langle \hat{A}^2 \rangle - \langle \hat{A} \rangle^2} = 0 \quad (8.12)$$
である．同様に $\Delta B = 0$ である．

(b) 期待値の定義に従って計算すると
$$\frac{d}{dt}\int \Psi^* \hat{A} \Psi\, dx$$
$$= \int \frac{\partial \Psi^*}{\partial t} \hat{A} \Psi\, dx + \int \Psi^* \frac{\partial \hat{A}}{\partial t} \Psi\, dx + \int \Psi^* \hat{A} \frac{\partial \Psi}{\partial t}\, dx$$
$$= \frac{i}{\hbar} \int (\hat{H}\Psi^*) \hat{A} \Psi\, dx + \left\langle \frac{\partial \hat{A}}{\partial t} \right\rangle - \frac{i}{\hbar} \int \Psi^* \hat{A}(\hat{H}\Psi)\, dx$$
$$= \frac{i}{\hbar} \langle [\hat{H}, \hat{A}] \rangle + \left\langle \frac{\partial \hat{A}}{\partial t} \right\rangle.$$

ここで，$\hat{H}$ がエルミート演算子であることを用いた．

・$B\psi_a$ が A の固有関数であれば，ψ_a の定数倍に等しいはずである．

・ψ_{ab} は二つの量子数によって指定される状態である．

・$i\hbar \frac{\partial \Psi}{\partial t} = \hat{H}\Psi$, $-i\hbar \frac{\partial \Psi^*}{\partial t} = \hat{H}\Psi^*$ を代入している．

・エルミートならば，$\int (\hat{H}\psi^*)\psi\, dx = \int \psi^* \hat{H}\psi\, dx$ である．

例題 14 の発展問題

14-1. 式 (8.2) が成り立つことを示せ．

14-2. 1次元におけるパリティ変換 $x \to -x$ を $\psi(x)$ に施す演算子として，パリティ演算子 $\hat{P}$ を導入する．つまり $\hat{P}\psi(x) \equiv \psi(-x)$ である．パリティ演算子の固有値を c として固有方程式を

$$\hat{P}\psi(x) = c\psi(x) \tag{8.13}$$

と表すとき，固有値 c は ± 1 以外にはありえないことを示せ．

14-3. 調和振動子のハミルトニアン

$$H = \frac{p^2}{2m} + \frac{1}{2}m\omega^2 x^2$$

はパリティ演算子の同時固有状態になることを示せ．また，決して運動量や座標の固有状態にはならないことを示せ．

重要度 ★★★★

9　1次元ポテンシャルによる散乱

―《 内容のまとめ 》―

　散乱は物質の構造や性質を調べる上で非常に重要な方法である．粒子（電子，陽子，原子核など）や光（X線，γ 線など）を標的に当て，その後に起こる現象を観測すると，物質の構造や性質などについて多くのことを知ることができる．実際，物理・化学・生物における多くの発見は散乱実験によりもたらされた．

　ここでは1次元ポテンシャルによる散乱を考える．ポテンシャルに向かう波を入射波 (I)，はね返される波を反射波 (R)，ポテンシャルを通りぬける波を透過波 (T) と呼ぶ．物理的に重要な量は入射波の流れ密度 j_I に対する，反射波，透過波の流れ密度 j_R, j_T の比

$$R \equiv \frac{|j_R|}{|j_I|}, \quad T \equiv \frac{|j_T|}{|j_I|} \tag{9.1}$$

である．R を反射率，T を透過率と呼び，$R+T=1$ が成り立つ．

　量子力学的散乱で大変重要な点は，古典力学では禁止される現象が実現されることである．古典力学においてポテンシャル V_0 ($V_0 > 0$) の壁に粒子を全エネルギー E で衝突させたとき，$E < V_0$ の条件では壁を超えることができない．しかし，量子力学では $E < V_0$ であっても壁を通り抜ける確率が0にならない．この現象はトンネル効果と呼ばれ，代表的な量子力学的現象である．以下では簡単なポテンシャルについて実際に R, T を計算してみよう．

例題15　井戸型ポテンシャルによる散乱

エネルギー $E\ (>0)$ を持った質量 m の粒子が x 軸負の方向から1次元ポテンシャル障壁

$$V(x) = \begin{cases} V_0 & (0 < x < a) \\ 0 & (x \leq 0, x \geq a) \end{cases} \quad (9.2)$$

に衝突し散乱される．透過率と反射率を計算せよ．

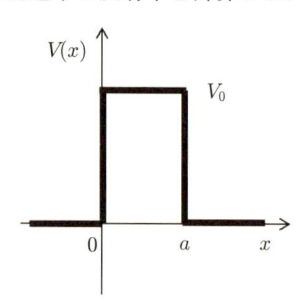

図 9.1: ポテンシャル障壁.

考え方

束縛状態の場合の **Step1** から **Step3** と同様な手順を踏む．得られた連立方程式を解き，式 (9.1) にしたがって透過率，反射率を計算する．

‖解答‖

最初にポテンシャルの高さよりも粒子のエネルギーが低い場合，$0 < E < V_0$ の条件で考える．古典力学の場合は，粒子は必ず壁にはね返されるので，

$$R_{古典} = 1, \quad T_{古典} = 0$$

である．

量子力学的に考えるため，三つの領域に分けてシュレディンガー方程式を書き下すと，

ワンポイント解説

Step1: ポテンシャルを代入しシュレディンガー方程式を解く．

(i) $x \leq 0$: $\quad -\dfrac{\hbar^2}{2m}\dfrac{d^2\psi}{dx^2} = E\psi$

(ii) $0 < x < a$: $\quad -\dfrac{\hbar^2}{2m}\dfrac{d^2\psi}{dx^2} + V_0\psi = E\psi$

(iii) $x \geq a$: $\quad -\dfrac{\hbar^2}{2m}\dfrac{d^2\psi}{dx^2} = E\psi$

となる．(i), (iii) については $k \equiv \sqrt{2mE}/\hbar$ を用いて

(i) $x \leq 0$: $\quad \psi(x) = Ae^{ikx} + Be^{-ikx}$ (9.3)

(iii) $x \geq a$: $\quad \psi(x) = Fe^{ikx} + Ge^{-ikx}$ (9.4)

と表せる．ここで A, B, F, G は未定の定数である．

一方，領域 (ii) では $E - V_0 < 0$ なので，振動解にはならない．$\ell \equiv \sqrt{2m(V_0-E)}/\hbar$ と定義すれば，

(ii) $0 < x < a$: $\quad \psi(x) = Ce^{\ell x} + De^{-\ell x}$ (9.5)

が得られる（C, D は未定の定数）．

得られた波動関数について，物理的に適切な境界条件を考慮しなければならない．今，x 軸の負の方向から正の方向に向かいポテンシャルに衝突する**入射波**，原点付近で反射されて x 軸負の向きに向かう**反射波**，ポテンシャルを通り抜け x 軸正の方向に飛び去る**透過波**が存在する．したがって，$x \geq a$ での波動関数 (9.4) の第2項 Ge^{-ikx} は本問題の状況に適していない．この項は $x \geq a$ の領域で x 軸正方向から負の方向に向かう流れを表現するが，この問題では最初に左方向から入射させたので，そのような流れは起こりえない．したがって $G = 0$ とする．

その他の項についても対応関係が明らかで

1. 入射波: Ae^{ikx}，流れ密度 $j_I = \dfrac{\hbar k}{m}|A|^2$

2. 反射波: Be^{-ikx}，流れ密度 $j_R = -\dfrac{\hbar k}{m}|B|^2$

・**Step2**: 境界条件を考慮する．自由粒子の章で計算した流れ密度の向きを思い出そう．それによれば粒子の流れの方向は **exp** の因子の正負の符号によって定まる．具体的には流れの定義式 (2.6) に ψ を代入して計算できる．

・物理学で因果律(いんがりつ)は重要である．最初の入射粒子が原因で，透過波と反射波が結果である．

3. 透過波: Fe^{ikx}, 流れ密度 $j_T = \dfrac{\hbar k}{m}|F|^2$
となる.

さらに, $x = 0, a$ での連続条件を考慮すると, 井戸型ポテンシャルと同様な計算から

$$A + B = C + D, \tag{9.6}$$
$$ik(A - B) = \ell(C - D), \tag{9.7}$$
$$Ce^{\ell a} + De^{-\ell a} = Fe^{ika}, \tag{9.8}$$
$$\ell(Ce^{\ell a} - De^{-\ell a}) = ikFe^{ika} \tag{9.9}$$

・これらの式は例題 11 の井戸型ポテンシャルの散乱状態の場合と同じである.

となる. これらの条件を解くと, 図 9.2 のように入射波 (実線) が壁ではね返されて反射波 (点線) が生まれ, 一部のみが通りぬけて透過波となる結果が得られる. その計算を以下に示そう.

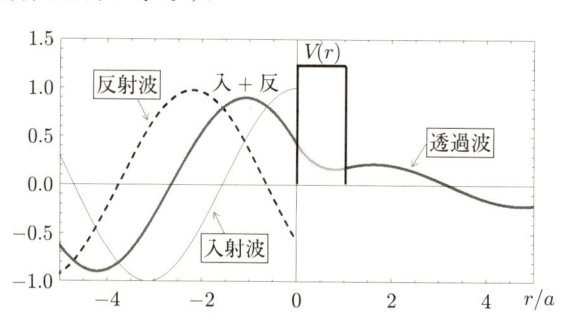

図 9.2: $E < V_0$ を満たす適当な V_0 に対し, 波動関数の実部のみを示した.

今回は連立方程式を解いてエネルギー E を定めるのではなく, 透過率や反射率を計算する. ここでは透過率を計算してみよう. 流れ密度の計算結果から透過率は

$$T = \dfrac{|F|^2}{|A|^2} \tag{9.10}$$

である. したがって式 (9.6) から式 (9.9) の式で, 必要のない B, C, D の未知数を消去する.

・**Step3**: 連立方程式を解く. やみくもに計算するのではなく, 何を求めたいのかを理解し, 最初に何を消去するか考えよう.

例題 15　井戸型ポテンシャルによる散乱　65

B を消去するのに式 (9.6), (9.7) を用い

$$2ikA = (ik+\ell)C + (ik-\ell)D \qquad (9.11)$$

を得る．次に式 (9.8) の両辺に ℓ を乗じ，式 (9.9) と辺々の和と差をとると

$$2\ell C e^{\ell a} = (\ell + ik) F e^{ika}, \qquad (9.12)$$
$$2\ell D e^{-\ell a} = (\ell - ik) F e^{ika} \qquad (9.13)$$

となる．この二つの式から C, D が得られるので，式 (9.11) に代入すると

$$2ikA = \frac{1}{2\ell}\Big[(ik+\ell)^2 e^{(ik-\ell)a} - (ik-\ell)^2 e^{(ik+\ell)a}\Big]F.$$

右辺を整理すると

$$A = \frac{e^{ika}F}{4i\ell k}\Big[(\ell^2 - k^2)\{e^{-\ell a} - e^{\ell a}\} + 2i\ell k\{e^{-\ell a} + e^{\ell a}\}\Big]$$
$$= F\frac{e^{ika}}{2i\ell k}\Big[(k^2 - \ell^2)\sinh \ell a + 2i\ell k \cosh \ell a\Big]$$

が得られる．したがって

$$\frac{|A|^2}{|F|^2} = \frac{1}{4\ell^2 k^2}\Big[(k^2-\ell^2)^2 \sinh^2 \ell a + 4\ell^2 k^2 \cosh^2 \ell a\Big]$$
$$= \frac{1}{4\ell^2 k^2}\Big[(k^2+\ell^2)^2 \sinh^2 \ell a + 4\ell^2 k^2\Big] \qquad (9.14)$$

となる．
　ここで，ℓ, k の定義を代入し E, V_0 などで表すと，透過率は

$$T = \left[\frac{V_0^2}{4E(V_0-E)}\sinh^2 \ell a + 1\right]^{-1} \qquad (9.15)$$

というコンパクトな形で表される．
　一方，反射率も同様に計算できて

・ $\dfrac{e^x + e^{-x}}{2} = \cosh x,$
　$\dfrac{e^x - e^{-x}}{2} = \sinh x$

・ $\cosh^2 x - \sinh^2 x = 1$ を用いた．

$$R = \frac{V_0{}^2 \sinh^2(\ell a)}{4E(V_0-E)} \left[\frac{V_0{}^2}{4E(V_0-E)} \sinh^2 \ell a + 1 \right]^{-1}$$

となり，$R+T=1$ を満足している．

以上から，量子力学ではポテンシャル壁の高さ V_0 よりエネルギーが小さい場合でも壁を通りぬける確率は有限で **0** ではない．ポテンシャル V_0 が大きく，$\ell a \gg 1$ が成り立つ場合には式 (9.15) は

$$T \approx \frac{8E}{V_0} e^{-2\ell a} \qquad (9.16)$$

と，よりわかりやすい形で表される．結果は指数関数形となり，透過率はポテンシャルの幅 a の関数として敏感に変化することを意味している．この鋭敏さを利用した装置が走査型トンネル顕微鏡 (STM) で，今日のナノテクノロジーの発展を支えている．

$E > V_0$ の場合も同様に計算が可能である．結果のみ記すと

$$T = \left[\frac{V_0{}^2}{4E(E-V_0)} \sin^2 \kappa a + 1 \right]^{-1}, \qquad (9.17)$$

$$\kappa = \sqrt{\frac{2m}{\hbar^2}(E-V_0)} \qquad (9.18)$$

となる．つまり，透過率は必ずしも1ではない．古典力学ならば100%壁を越えるので，この点も際立った量子的振る舞いである．

100%の確率で壁を超えるためには $\kappa a = n\pi$ ($n = 0, 1, 2, \cdots$) の条件を満たせばよい．適当な質量の粒子に対しエネルギー $E (>V_0)$ を変化させた場合の透過率を図9.3に示した．透過率が1になる現象は共鳴と呼ばれている．

・$\ell a \gg 1$ から
$$\sinh \ell a = \frac{e^{\ell a} - e^{-\ell a}}{2}$$
$$\approx \frac{e^{\ell a}}{2}$$
を用いた．

→ 細い針を対象物に近づけ，電圧をかけるとトンネル効果により電流が流れる．この電流の大きさを測定することで，物体の凹凸を 10^{-10} m 程度の精度で測定可能．

・この場合は，領域 (ii) でも波動関数が振動解になる．そのため，式 (9.15) の双曲線関数が三角関数に置き換えられる．

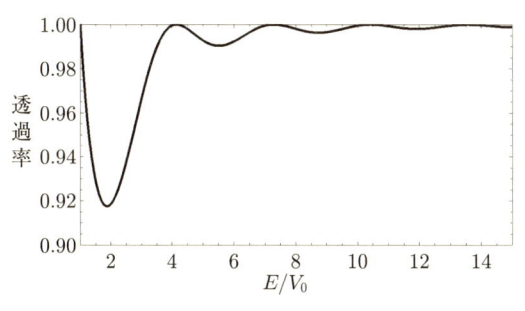

例題 15 井戸型ポテンシャルによる散乱　67

図 9.3: $E > V_0$ の場合の透過率.

- κ は E と V_0 の関数で，かつ，$\kappa = n\pi$ の場合にのみ完全透過が起こる．つまり，E をいろいろな値で実験し，透過率が1になるκを探すことができれば，実験からV_0が決定できる．

例題 15 の発展問題

15-1. デルタ関数型井戸のポテンシャル

$$V(x) = -\alpha\delta(x) \quad (\alpha \text{は正の定数})$$

に対して，x 軸負の方向からエネルギー $E > 0$ で質量 m の粒子を入射させた．この散乱の透過率，反射率を求めよ．

15-2. $0 \leq x \leq a$ で $V(x) = -V_0$，それ以外では $V(x) = 0$ のポテンシャルに，x 軸負の領域から正方向に向けて質量 m，$E > 0$ の粒子を入射させる（V_0 は正の定数）．例題 15 の解を利用し，散乱の透過率が 100 % になる E を V_0 の関数として求めよ．また得られた結果と例題 5 のエネルギー準位を比較し，完全透過はどのような条件で起こるか説明せよ．

例題 16　階段型ポテンシャルによる散乱

エネルギー $E\,(>0)$ を持った質量 m の粒子が x 軸負の方向から 1 次元階段型ポテンシャル

$$V(x) = \begin{cases} 0 & (x < 0) \\ V_0 & (x \geq 0) \end{cases} \tag{9.19}$$

に衝突し散乱される．透過率と反射率を計算せよ．また，$x < 0$ から $x > 0$ の領域に進む場合の屈折率 n を求めよ．

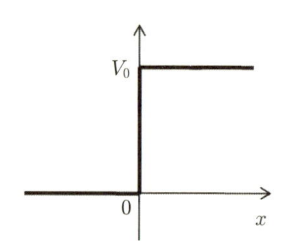

図 9.4: 有限階段型ポテンシャル．

考え方

前問と同じ手順で解くことが可能で，計算自体はこちらの方がやさしい．しかし，流れ密度の表式が $x < 0$ と $x \geq 0$ で異なるので注意が必要である．

解答

エネルギーの大きさによって場合分けして考える．

[I] $E > V_0$ のとき

$x < 0$ ではシュレディンガー方程式

$$-\frac{\hbar^2}{2m}\frac{d^2}{dx^2}\psi(x) = E\psi(x) \tag{9.20}$$

を解けばよい．この解は $p = \sqrt{2mE}$ を用いて

ワンポイント解説

・**Step1**: ポテンシャルを代入しシュレディンガー方程式を解く．

$$\psi(x) = Ae^{ipx/\hbar} + Be^{-ipx/\hbar} \qquad (9.21)$$

となる.

一方, $x \geq 0$ では

$$-\frac{\hbar^2}{2m}\frac{d^2}{dx^2}\psi(x) + V_0\psi(x) = E\psi(x) \qquad (9.22)$$

の解が必要である. $q = \sqrt{2m(E - V_0)}$ とおけば

$$\psi(x) = Ce^{iqx/\hbar} + De^{-iqx/\hbar} \qquad (9.23)$$

となる.

x 軸の負の方向から入射させて散乱させるので, $x > 0$ の領域で x の負の方向に向かう波は存在しない. よって, 式 (9.23) で $D = 0$ としてよい.

一方, $x = 0$ の波動関数とその微分の連続条件から

$$A + B = C, \qquad (9.24)$$
$$ip(A - B) = iqC \qquad (9.25)$$

である.

・**Step2**: 境界条件を代入する. 散乱の場合は, 波の進む向きがポイントである.

前問と同様に連立方程式を解き $|C|^2/|A|^2$ を計算すればよいと思うが, そうではない. 実際, 条件式 (9.25) は簡単に解けて,

$$\frac{|C|^2}{|A|^2} = \frac{(2p)^2}{(p+q)^2} \qquad (9.26)$$

が得られるが, 今の場合, 明らかに $p > q$ なので透過率が1を超えてしまう.

・**Step3**: 連立方程式を解き透過率, 反射率を求める.

波動関数 (の実部) は図 9.5 に示す通りで, $x = 0$ での連続条件から入射波よりも透過波の方が大きいが, 透過率が1を超えることは物理的にありえない. この誤答は透過率の定義の誤用に起因する.

正しい透過率の定義は流れ密度の比なので,

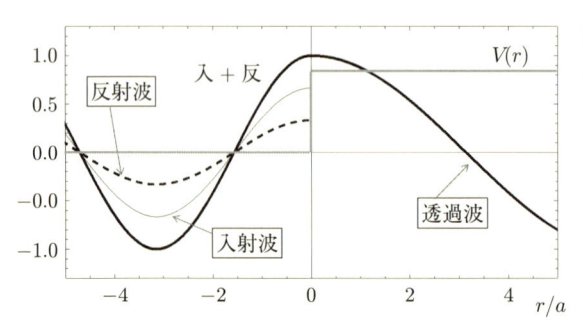

図9.5: $E > V_0$ の場合の散乱に対し，波動関数の実部のみを示す．

$$T = \frac{\frac{\hbar q |C|^2}{m}}{\frac{\hbar p |A|^2}{m}} = \frac{q|C|^2}{p|A|^2} \tag{9.27}$$

である．透過率が単なる振幅の2乗の比になっていないことに注意せよ．式 (9.27) を用いると，透過率は

$$T = \frac{4pq}{(p+q)^2} \tag{9.28}$$

となり，1を超えることはない．

また同様な計算から反射率は

$$R = \frac{(p-q)^2}{(p+q)^2} \tag{9.29}$$

となる．

屈折率を定義するには，ド・ブロイ波長を計算するのがわかりやすい．$x < 0$ での波長は

$$\lambda_0 = \frac{h}{p} = \frac{h}{\sqrt{2mE}} \tag{9.30}$$

で，それに対し $x > 0$ での波長は

$$\lambda = \frac{h}{q} = \frac{h}{\sqrt{2m(E-V_0)}} \tag{9.31}$$

である．したがって，屈折率は

・波動関数の連続性から，「入射波 + 反射波 = 透過波」でなければならない．図9.5でも確かに成り立っている．

・流れ密度は（振幅の**2乗**）×（速さ）に比例する．

媒質1から媒質2に波が進む場合の屈折率 n は，媒質中での波長を λ_1, λ_2 とすると，$n = \lambda_1/\lambda_2$ である．

また，ド・ブロイは物質波の概念を提唱し，その波長は $\lambda = h/p$ であることを主張した．

$$n = \lambda_0/\lambda = \sqrt{\frac{E-V_0}{E}} = \frac{q}{p} \qquad (9.32)$$

となる．屈折率を用いると反射率は

$$R = \frac{(1-n)^2}{(1+n)^2}$$

となる．

[II] $E < V_0$ のとき

$x < 0$ での波動関数は場合 [I] と同じである．$x > a$ の領域では，$E < V_0$ の条件から $q = \sqrt{2m(V_0 - E)}$ を用いて

$$\psi(x) = C e^{qx/\hbar} + D e^{-qx/\hbar} \qquad (9.33)$$

と書ける．これは振動解ではないことに注意せよ．

$x \to \infty$ で波動関数が発散しない条件から $C = 0$ でなければならない．

$x = 0$ での連続条件は

$$A + B = D, \quad ip(A - B) = -qD$$

で，この2式は容易に解けて

$$\frac{B}{A} = \frac{ip+q}{ip-q}$$

となる．よって，反射率は

$$\frac{|B|^2}{|A|^2} = \frac{(ip+q)(-ip+q)}{(ip-q)(-ip-q)} = \frac{p^2+q^2}{p^2+q^2} = 1$$

となり，必ず反射することがわかる．

逆に透過率は必ず0になる．実際に $x > 0$ の領域での確率流れ密度を波動関数を代入して計算すると，式 (9.33) が虚部を持たないために $j_{透過} = 0$ になってしまう．全エネルギーがポテンシャルの高さより低いので，$x > 0$ の波動関数は振動解ではなく，図9.6に示す減衰

・この場合も透過率を求める **Step** は同じである．

・**Step2**: 境界条件の考慮．指数関数解は特に注意．

・波動関数とその微分．

・$A = x + iy$ なら $|A|^2 = x^2 + y^2$．

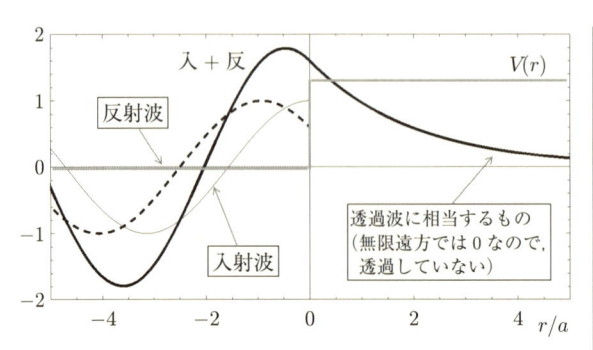

図 9.6: $E < V_0$ の場合の散乱に対し，波動関数の実部のみを示す．

解になり，確率の流れが伝搬しない．つまり「透過する波」は存在しないことを意味する．

- 透過するということは，無限遠方まで伝わるということである．この問題では，透過波は $x \to \infty$ では 0 なので，透過できないことを意味する．
- 流れの定義は $j = \frac{\hbar}{2im}\left(\psi^* \frac{\partial \psi}{\partial x} - \psi \frac{\partial \psi^*}{\partial x}\right)$ なので，波動関数が実数のみだと 0 になってしまう．

例題 16 の発展問題

16-1. a を正の定数とするポテンシャル

$$V(x) = -\frac{\hbar^2 a^2}{m}\mathrm{sech}^2(ax)$$

がある．ここで，$\mathrm{sech}\, x = 1/\cosh x$ である．

(1) 束縛状態の波動関数が $\psi = A\,\mathrm{sech}(ax)$ であることを示せ．また，エネルギーと規格化定数 A を決定せよ．

(2) 散乱状態の波動関数は次のように表されることを示せ．

$$\psi = \left(\frac{ik - a\tanh(ax)}{ik + a}\right)e^{ikx}$$

(3) (2) を用いて $x \to \pm\infty$ での波動関数を決定し，透過率が 1 であることを示せ．(このポテンシャルは必ず透過率が 1 になることで知られている．)

10 線形調和振動子ポテンシャル

重要度 ★★★★

―《 内容のまとめ 》―

量子力学的なばね振動を記述する**線形調和振動子ポテンシャル** (linear harmonic oscillator) は

$$V(x) = \frac{1}{2}m\omega^2 x^2 \qquad (10.1)$$

と表される．ω は正の定数で**振動子定数** (oscillator constant) と呼ばれる．

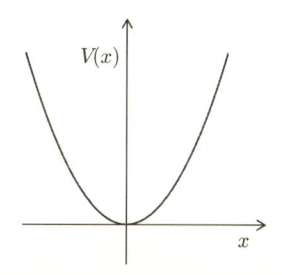

図 10.1: 線形調和振動子ポテンシャル．

このポテンシャルはシュレディンガー方程式の解析的な解が得られる数少ない例の一つであり，非常に重要な役割を果たす．現実の複雑な物理系においても，近似的に調和振動子ポテンシャルを適用できる場合は多い．このポテンシャルを解いて得られるエネルギー準位は

$$E_n = \left(n + \frac{1}{2}\right)\hbar\omega \qquad (n = 0, 1, 2, \cdots) \qquad (10.2)$$

である．エネルギー準位が等間隔 $\hbar\omega$ である点が特徴的である．古典的予想に反して，最低エネルギーである $n=0$ の状態でもエネルギーは 0 にならない．この寄与は**零点エネルギー**[1]として知られており，その理由はすでに例題 13 で不確定性関係を用いて示した通りである．

　また，物理系がいかなる形のポテンシャル $V(x)$ を有していたとしても，つり合い位置の近傍での微小振動を考える場合は，必ず調和振動子ポテンシャルで記述できることが知られている．任意のポテンシャル $V(x)$ の極小点を $x=a$ とすると，$V'(a)=0$ が成り立つ．古典力学の場合と同様に，ポテンシャルの極小点は安定した平衡点である．極小点近傍での微小振動を考えるため，$x=a$ の近傍でポテンシャルを Taylor 展開し 2 次の項まで残すと

$$V(x) \simeq V(a) + \frac{V''(a)}{2}(x-a)^2$$

となる．第 1 項の定数はエネルギーの原点を変えるだけなので，重要なのは第 2 項のみであり，まさしく調和振動子ポテンシャルである．格子や分子の振動といった物理的に大変重要な現象も，近似的に調和振動子ポテンシャルで記述される．

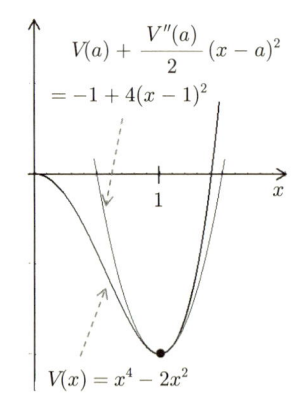

図 10.2: 近似的な調和振動子ポテンシャル．元のポテンシャル $V=x^4-2x^2$ は $x=1$ で極小である．この点近傍の微小振動を記述するポテンシャルは，$4(x-1)^2$ の関数で近似できる．

---

[1]エネルギーは状態間の差のみが重要である．零点エネルギーの存在は，単にエネルギーの原点を変えるだけで特に困難を引き起こすものではない．

例題 17　調和振動子：解析的方法

1次元の線形調和振動子ポテンシャル (10.1) 中で質量 m の粒子が運動する場合のエネルギーと波動関数を決定せよ．

考え方

Step1 から Step4 までの手順を進める．ただし，この場合 Step1 の解析解を簡単に求めることはできない．そこで採用するのは図 3.2 の

$$\boxed{\text{無次元化} \rightarrow \text{漸近解の分離} \rightarrow \text{級数展開}}$$

の方法である．この方法では $x \to 0$ や $x \to \pm\infty$ での近似的な解を先に求め，それでは足りない部分をべき級数展開法を用いて定める．

解答

無次元化

シュレディンガー方程式

$$-\frac{\hbar^2}{2m}\frac{d^2}{dx^2}\psi + \frac{1}{2}m\omega^2 x^2 \psi = E\psi \qquad (10.3)$$

には定数が多く登場するが，このような場合は**無次元化**の操作を行い，方程式を見やすくするとよい．

M, L, T をそれぞれ質量，長さ，時間の次元とすると，この方程式に現れる定数の次元は，$\hbar[ML^2T^{-1}]$，$m[M]$，$\omega[T^{-1}]$ である．無次元化とは，長さの次元を持つ変数 x にこれらの定数を適当に乗じて，次元を持たない変数で表す操作である．

無次元変数 ξ を

$$\xi \equiv \hbar^a m^b \omega^c x \qquad (10.4)$$

と導入する．左辺は M, L, T の次数がすべて 0 と仮定するので，

$$0 = a+b, \quad 0 = 2a+1, \quad 0 = -a-c \qquad (10.5)$$

ワンポイント解説

・**Step1**: ポテンシャルを代入しシュレディンガー方程式を解く．

・無次元化の操作は，後で触れる特殊関数と関連付けるためにも必要な操作である．

が成り立たなければならない．ここから $a = -1/2$, $b = 1/2$, $c = 1/2$ と決定できる．よって

$$\xi = \frac{x}{x_0}, \quad x_0 = \sqrt{\frac{\hbar}{m\omega}} \tag{10.6}$$

という変数を導入する．

さて，式 (10.6) の $x = \xi x_0$ を式 (10.3) に代入し整理すると

$$\frac{d^2\psi}{d\xi^2} = (\xi^2 - \varepsilon)\psi, \quad \varepsilon \equiv \frac{2E}{\hbar\omega} \tag{10.7}$$

となる．

漸近解の分離

式 (10.7) は依然として簡単に解けない形である．まず $x \to \infty$ の極限で解を定め，それを突破口にする．今，式 (10.7) で $x \to \infty$ ($\xi \to \infty$) の場合には

$$\frac{d^2\psi}{d\xi^2} \approx \xi^2 \psi \tag{10.8}$$

が得られる．

式 (10.8) の解は容易に予想でき，

$$\psi = A \exp\left[-\xi^2/2\right] + B \exp\left[+\xi^2/2\right] \tag{10.9}$$

である．ただし，$\xi \to \pm\infty$ の極限で式 (10.9) の第 2 項は発散してしまい波動関数としては不適当である．この要請から $B = 0$ でなければならない．

さて，この解は元の方程式 (10.7) の解ではない．そこで，定数 A の代わりに ξ の関数 $h(\xi)$ を導入し，新たに式 (10.7) の解を

$$\psi = h(\xi) \exp\left[-\xi^2/2\right] \tag{10.10}$$

と仮定する．この解は $\xi \to \pm\infty$ で式 (10.9) に近づくので，$h(\xi)$ は $\xi \to \pm\infty$ で発散してはならない．

・エネルギーに対応する ε も無次元量であることを確認せよ．

・$x \to \infty$ など極限的な点における解を漸近解と呼ぶ．漸近解は比較的容易に決定できるので，正しい解を求める手がかりにする．

・$\xi \to \infty$ のとき微分を含む項は落としてはいけない！ $\varepsilon\psi$ 項は ξ^2 に比例する項よりは明らかに小さい．

→ 式 (10.8) に代入して確認してみよ．

$h(\xi)$ を求めるには式 (10.10) を式 (10.7) に代入して微分方程式を作ればよい．代入した結果は

$$\frac{d^2 h}{d\xi^2} - 2\xi \frac{dh}{d\xi} + (\varepsilon - 1)h = 0 \tag{10.11}$$

である．

級数展開

式 (10.11) のような定数係数ではない微分方程式の一般的な解法として級数展開による方法が知られている．解をべき級数の展開

$$h(\xi) = \sum_{j=0}^{\infty} a_j \xi^j \tag{10.12}$$

と仮定して代入し，数列 a_j を決定する方法である．式 (10.11) に代入すると

$$\sum_{j=2}^{\infty} j(j-1) a_j \xi^{j-2} - 2\xi \sum_{j=1}^{\infty} j a_j \xi^{j-1}$$
$$+ (\varepsilon - 1) \sum_{j=0}^{\infty} a_j \xi^j = 0,$$

$$\sum_{j=2}^{\infty} j(j-1) a_j \xi^{j-2} - 2 \sum_{j=1}^{\infty} j a_j \xi^j$$
$$+ (\varepsilon - 1) \sum_{j=0}^{\infty} a_j \xi^j = 0$$

となる．項により ξ の次数が異なると扱いにくいので，第 1 項目で $j \to j+2$ の置き換えを行う．

$$\sum_{j=0}^{\infty} \left[(j+2)(j+1) a_{j+2} \xi^j - 2j a_j \xi^j \right.$$
$$\left. + (\varepsilon - 1) a_j \xi^j \right] = 0$$

となり，ξ^j についての恒等式が得られた．この関係式

・式 (10.10) を ξ で 1 回微分したもの，2 回微分したものを用意し，式 (10.7) に代入する．

・方程式が特異点を含まない場合は，式 (10.12) で解が決定できる．特異点を含む（係数が発散する）場合は，指標を含めたべき展開が必要である．

・細かい点だが，代入した第 1, 2 項は $j=2$ や $j=1$ から開始していることに注意せよ．2 回微分したので $j=0$ や $j=1$ の項は消えてしまったからである．

・添え字 j をずらすことで ξ のべきを揃え，ξ の恒等式を作る．添え字をずらすと，級数の上限と下限の値が変わる．しかし，上限は無限大なので影響を受けない．

が常に成立するためには

$$a_{j+2} = \frac{2j - \varepsilon + 1}{(j+2)(j+1)} a_j \qquad (10.13)$$

でなければならない．式 (10.13) は添え字 j の二つおきの数列を与えるので，$a_0, a_2, a_4, \cdots$ の偶数列と $a_1, a_3, a_5, \cdots$ の奇数列が別々に存在する．

しかしながら，これは物理的に許される解ではない．式 (10.13) から $j \to \infty$ では

$$\frac{a_{j+2}}{a_j} \to \frac{2}{j} \qquad (10.14)$$

となるので，おおよその振る舞いは

$$\psi(\xi) \sim \sum_{j=0}^{\infty} \frac{C}{(j/2)!} \xi^j e^{-\xi^2/2} \sim Ce^{-\xi^2/2} \sum_{k=0}^{\infty} \frac{\xi^{2k}}{k!}$$
$$\sim Ce^{-\xi^2/2} e^{\xi^2} = Ce^{\xi^2/2}$$

となる．つまり ψ は $\xi \to \infty$ で発散する．

この発散の困難を取り除くには，級数が無限に続かず，数列 a_j に対し整数 $j = 0, 1, \cdots$ の最大値 j_{max} が存在すればよい．級数が無限に続かなければ ψ が発散することはない．

数列が $j > j_{max}$ で 0 になるためには，式 (10.13) の分子が

$$2j_{max} - \varepsilon + 1 = 0 \qquad (10.15)$$

を満たせばよい．すると，式 (10.13), (10.15) から必ず $a_{j_{max}+2} = 0$ となり，それ以降の a_j もすべて 0 になる．

j_{max} を慣習にならい整数 n と書く．許される解は「$a_0 \neq 0$, $a_1 = 0$ で，ある偶数 n まで級数が続く」場合と，「$a_0 = 0$, $a_1 \neq 0$ で，ある奇数 n まで級数が続く」場合の 2 通りある．

・a_0, a_1 はそれぞれの数列の初項で未定の数であるが，2 階の線形微分方程式の解が二つの未定数を含むことに対応する．

・$j/2 = k$ とした．

・この結果はそもそも $h(\xi)$ は発散しないとして導入した仮定に矛盾する．

・同時に $a_0 \neq 0$, $a_1 \neq 0$ であってはならない．式 (10.15) の条件で有限にできるのは，偶数列か奇数列かどちらか一つである．式 (10.15) が成り立たない方の数列は初項を 0 にとる必要がある．

$\varepsilon = 2E/(\hbar\omega)$ が $2n+1$ に等しいという条件から，調和振動子のエネルギー固有値は

$$E_n = \left(n + \frac{1}{2}\right)\hbar\omega \quad (n = 0, 1, 2, \cdots) \qquad (10.16)$$

となる．

波動関数は a_0, a_1 のいずれかを初項として与え，式 (10.13) を用いて級数を計算し決定できる．例えば基底状態の波動関数は

$$\psi = a_0\, e^{-\xi^2/2} \qquad (10.17)$$

である．

規格化積分を行うと

$$a_0^2 \int_{-\infty}^{\infty} e^{-\xi^2} dx = a_0^2\, x_0 \int_{-\infty}^{\infty} e^{-\xi^2} d\xi = 1$$

$$\therefore a_0 = (\pi x_0^2)^{-1/4}$$

と決定される．$n=3$ までの波動関数を表 10.1 と図 10.3 に示した．

・例題 14 で示したように，波動関数パリティの固有状態である．偶数列はパリティ $+$, 奇数列はパリティ $-$ である．

└→ ガウス積分の公式 $\int_{-\infty}^{\infty} e^{-x^2} dx = \sqrt{\pi}$ を用いる．途中で x の積分を ξ に直すので，x_0 を忘れないように．

表 10.1: 調和振動子の波動関数．

n	$E_n/(\hbar\omega)$	波動関数
0	1/2	$(x_0\sqrt{\pi})^{-1/2}\, e^{-\xi^2/2}$
1	3/2	$(2x_0\sqrt{\pi})^{-1/2}\, 2\xi\, e^{-\xi^2/2}$
2	5/2	$(8x_0\sqrt{\pi})^{-1/2}\, 2(2\xi^2 - 1)\, e^{-\xi^2/2}$
3	7/2	$(48x_0\sqrt{\pi})^{-1/2}\, 4\xi(2\xi^2 - 3)\, e^{-\xi^2/2}$

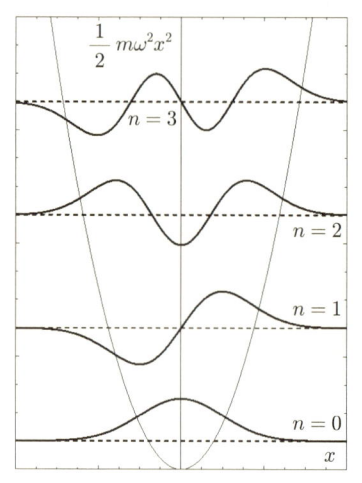

図 10.3: 調和振動子波動関数.

古典力学との比較

あるエネルギー E を与えたときの調和振動子の運動を古典的に考えてみる．運動エネルギーとポテンシャルの和が E なので，不等式

$$\frac{1}{2}m\omega^2 x^2 \leq E \quad \therefore \ |x| \leq \sqrt{\frac{2E}{m\omega^2}}$$

が成り立つ．古典的にはこの領域内でしか運動できない．

一方，量子力学では図 10.3 に示されるように，波動関数は古典的には禁止される領域にもしみだしている．このしみだしは $\exp[-\xi^2/2]$ に比例して素早く減衰する．

例題 17 の発展問題

17-1. 表 10.1 の規格化された第 1 励起状態，第 2 励起状態の波動関数を級数展開から導け．

17-2. 基底状態での運動エネルギーの期待値 $\langle K \rangle$ とポテンシャルエネルギーの期待値 $\langle V \rangle$ を計算し，$\langle K \rangle = \langle V \rangle$ が成り立つことを確かめよ．

17-3. 第 1 励起状態での，位置と運動量の標準偏差 Δp，Δx を計算し，不確定性関係の予想と一致することを示せ．

例題 18　調和振動子：エルミート多項式

微分方程式

$$\frac{d^2 H_n}{d\xi^2} - 2\xi \frac{dH_n}{d\xi} + 2nH_n = 0 \tag{10.18}$$

で $n = 0, 1, 2, \cdots$ の場合には，その解はエルミート多項式 $H_n(\xi)$ になる．また，$H_n(\xi)$ は以下の直交関係式と漸化式にしたがうことが知られている．

$$\int_{-\infty}^{\infty} d\xi \, e^{-\xi^2} H_n(\xi) H_m(\xi) = \delta_{n,m} 2^n n! \sqrt{\pi}, \tag{10.19}$$

$$H_{n+2} - 2\xi H_{n+1} + 2(n+1) H_n = 0 \quad (n \geq 0), \tag{10.20}$$

$$\frac{dH_{n+1}}{d\xi} = 2(n+1) H_n, \tag{10.21}$$

$$H_0(\xi) = 1, \quad H_1(\xi) = 2\xi. \tag{10.22}$$

以下の問に答えよ．
(a) エルミート多項式を用いて調和振動子の波動関数 ψ_n を表せ．また，その際の規格化定数を決定せよ．
(b) 波動関数を用いて以下の量（行列要素という）を計算せよ．

$$\int_{-\infty}^{\infty} \psi_m^* \, x \, \psi_n(x) dx \tag{10.23}$$

考え方

　シュレディンガー方程式の解を求めるには級数展開など煩雑な計算が必要になる．しかし，重要な方程式に対しては解となる関数がよく知られている場合が多い．そのような関数を**特殊関数** (special function) と呼び，上手に利用することで様々な計算が容易になる．変数を無次元化した上で，シュレディンガー方程式と特殊関数の微分方程式を比べてみよ．（公式集を参照．)

‖解答‖

(a) 式 (10.18) と式 (10.11) を比較すると，微分項の形は同じで，かつ第 3 項目についても

$$\varepsilon - 1 = 2n \quad (n = 0, 1, 2, \cdots) \tag{10.24}$$

の関係が成り立てばエルミート多項式に一致する．よって，波動関数は

$$\psi_n(\xi) = N_n \, e^{-\xi^2/2} H_n(\xi) \tag{10.25}$$

と表せる（N_n は規格化定数）．式 (10.24) に ε の定義を代入し，変形すれば

$$E_n = \left(n + \frac{1}{2}\right)\hbar\omega \tag{10.26}$$

が得られ，すでに求めた解と一致している．

規格化定数 N_n の決定には式 (10.19) の規格直交関係を用いる．

$$\int_{-\infty}^{\infty} dx |\psi_n(x)|^2 = x_0 \int_{-\infty}^{\infty} d\xi N_n^2 \, e^{-\xi^2} H_n(\xi)^2$$
$$= 1 \tag{10.27}$$

に式 (10.19) を代入して比較すれば

$$N_n = \left(2^n n! x_0 \sqrt{\pi}\right)^{-1/2} \tag{10.28}$$

が得られる．

ワンポイント解説

・式 (10.24) が成り立たない場合には，解はエルミート多項式にならず，一般に発散する．

・式 (10.18) は 2 階の微分方程式なので，H_n 以外に独立な解がもう一つ存在する．そちらは原点で正則でない解なので，ψ_n としては不適当である．

・積分を計算する際には，変数を x から ξ に換えることに注意．

(b) 漸化式 (10.20) を利用して x を消し，直交関係を用いる．

$$\int_{-\infty}^{\infty} \psi_m^*(x)\, x\, \psi_n(x)\, dx$$
$$= N_m N_n x_0^2 \int_{-\infty}^{\infty} d\xi\, e^{-\xi^2} H_m(\xi)\, \xi\, H_n(\xi)$$
$$= N_m N_n x_0^2 \int_{-\infty}^{\infty} d\xi\, e^{-\xi^2} H_m \frac{1}{2}(H_{n+1} + 2nH_{n-1})$$
$$= N_m N_n x_0^2 2^{m-1} m! (\delta_{m,n+1} + 2n\delta_{m,n-1})\sqrt{\pi}.$$

ただし，$N_n = (2^n n! x_0 \sqrt{\pi})^{-1/2}$ である．

・$xH_n(\xi)$
$= x_0\, \xi\, H_n(\xi)$ に対して漸化式を用いると，H_{n+1}, H_{n-1} が現れる．そこで，直交関係を用いると m が $n+1$ または $n-1$ に等しい場合のみ残る．

例題 18 の発展問題

18-1. 調和振動子の波動関数の一般解を

$$\Psi(x,t) = \sum_{n=0}^{\infty} c_n \psi_n(x) e^{-iE_n t/\hbar}$$

と表す．$c_0 = c_1 = 1/\sqrt{2}$ の場合に位置の期待値の時間変化 $\langle x(t) \rangle$ を，例題 (b) の結果を利用して計算せよ．また，$\langle x(t) \rangle$ と古典的なばね振動を比較せよ．

18-2. 量子数 n の状態における運動エネルギーとポテンシャルエネルギーの期待値を計算し，両者が等しいことを示せ．

例題 19　調和振動子：代数的方法

以下の手順にしたがい，代数的方法（演算子の方法）を用いて，調和振動子のエネルギー，波動関数を求めよ．

(a) 調和振動子のハミルトニアン演算子

$$\hat{H} = \frac{\hat{p}^2}{2m} + \frac{1}{2}m\omega^2 \hat{x}^2 \tag{10.29}$$

は演算子 $\hat{x}, \hat{p}$ で表されている．これを

$$\hat{a} \equiv \alpha \hat{x} + i\beta \hat{p}, \quad \hat{a}^\dagger \equiv \alpha \hat{x} - i\beta \hat{p} \tag{10.30}$$

で定義される演算子 $\hat{a}, \hat{a}^\dagger$ を用いて書き換える．α, β は実数の定数で，それらを定めるための条件として

$$\left[\hat{a}, \hat{a}^\dagger\right] = 1, \quad [\hat{a}, \hat{a}] = \left[\hat{a}^\dagger, \hat{a}^\dagger\right] = 0 \tag{10.31}$$

と「ハミルトニアンの中に $\hat{a}\hat{a}$ や $\hat{a}^\dagger \hat{a}^\dagger$ のような同じ演算子の積が現われない」の二つの条件を要請して（ハミルトニアンがエルミート演算子であることを要請したことと等価である．）α, β を求めよ．また，

$$\hat{H} = \left(\hat{a}^\dagger \hat{a} + \frac{1}{2}\right)\hbar\omega \tag{10.32}$$

と書けることを示せ．

(b) 演算子 $\hat{a}^\dagger \hat{a}$ の固有関数を ψ_K とし，固有値を K として

$$\hat{a}^\dagger \hat{a} \psi_K = K \psi_K \tag{10.33}$$

にしたがうとする．このとき，$\hat{a}$ を ψ_K に作用させた状態 $\hat{a}\psi_K$ は

$$\hat{a}^\dagger \hat{a} (\hat{a}\psi_K) = (K-1)(\hat{a}\psi_K) \tag{10.34}$$

にしたがうことを示せ．

(c) 演算子 $\hat{a}^\dagger \hat{a}$ の期待値を状態 ψ_K を用いて計算すると，必ず 0 以上となることを示せ．

(d) (b),(c) を用いて，固有値 K は負でない整数であることを示せ．ま

た，負でない整数 n を導入し，調和振動子のエネルギー準位を求めよ．

(e) 基底状態の波動関数 ψ_0 は $\hat{a}\psi_0 = 0$ を満たす．基底状態における期待値 $\langle \hat{x} \rangle, \langle \hat{x}^2 \rangle, \langle \hat{p} \rangle, \langle \hat{p}^2 \rangle$ を計算せよ．

(f) $\hat{a}\psi_0 = 0$ を利用して，具体的に x の関数として ψ_0 を決定せよ．

考え方

微分方程式に頼らずに，演算子の交換関係のみを用いて調和振動子を解くことも可能である．必要となるのは式 (1.11) の交換関係 $[\hat{x}, \hat{p}] = i\hbar$ のみである．

‖解答‖

(a) 式 (10.31) に式 (10.30) を代入すると

$$\left[\hat{a}, \hat{a}^\dagger\right] = [\alpha\hat{x} + i\beta\hat{p}, \alpha\hat{x} - i\beta\hat{p}]$$
$$= -2i\alpha\beta[\hat{x}, \hat{p}] = 2\hbar\alpha\beta$$

となるので，$\alpha\beta = 1/2\hbar$ でなければならない．

また，式 (10.30) の 2 式を逆に解いて，$\hat{x}, \hat{p}$ を $\hat{a}$ で表せば，

$$\hat{x} = \frac{1}{2\alpha}\left(\hat{a} + \hat{a}^\dagger\right), \quad \hat{p} = \frac{1}{2i\beta}\left(\hat{a} - \hat{a}^\dagger\right) \quad (10.35)$$

である．これらをハミルトニアンに代入すると

$$\hat{H} = -\frac{1}{4\beta m}\left(\hat{a} - \hat{a}^\dagger\right)^2 + \frac{m\omega^2}{4\alpha^2}\left(\hat{a} + \hat{a}^\dagger\right)^2$$

が得られる．この式を展開し，$\hat{a}\hat{a}$ や $\hat{a}^\dagger\hat{a}^\dagger$ の項を係数を 0 にするためには

$$\alpha = \sqrt{\frac{m\omega}{2\hbar}}, \quad \beta = \sqrt{\frac{1}{2m\hbar\omega}} \quad (10.36)$$

と選べばよいことがわかる．また，このとき $\hat{H}$ は式 (10.32) になる．

ワンポイント解説

・$[\hat{x}, \hat{x}] = 0$
$[\hat{p}, \hat{p}] = 0$

・$\hat{H} = \hat{a}^\dagger\hat{a}$ なので，$\hat{H}^\dagger = (\hat{a}^\dagger\hat{a})^\dagger = \hat{a}^\dagger(\hat{a}^\dagger)^\dagger = \hat{a}^\dagger\hat{a}$ が成り立つ．つまり，$\hat{a}^\dagger\hat{a}$ および $\hat{H}$ はエルミートである．

・$[\hat{a}, \hat{a}^\dagger] = 1$ より $\hat{a}\hat{a}^\dagger = 1 + \hat{a}^\dagger\hat{a}$ を代入する．

(b) $\hat{a}\psi_K$ に $\hat{a}^\dagger\hat{a}$ 演算子を作用させる.

$$\begin{aligned}
\hat{a}^\dagger\hat{a}(\hat{a}\psi_K) &= (\hat{a}\hat{a}^\dagger - 1)\hat{a}\psi_K \\
&= \hat{a}(\hat{a}^\dagger\hat{a} - 1)\psi_K \\
&= \hat{a}(K - 1)\psi_K \\
&= (K - 1)(\hat{a}\psi_K).
\end{aligned}$$

・$[\hat{a}, \hat{a}] = 0$ および $[\hat{a}, \hat{a}^\dagger] = 1$ を利用する.

・式 (10.33) を用いている.

最後の等式から,状態 $\hat{a}\psi_K$ の固有値が $(K-1)$ であることがわかる.ψ_K の固有値は K なので,演算子 $\hat{a}$ は固有値を一つ減らす働きをすることがわかる.同様な計算を行うと,$\hat{a}^\dagger$ は固有値を一つ増やす演算子であることを示せる.このような演算子を昇降演算子と呼ぶ.

(c) $\hat{a}^\dagger\hat{a}$ の期待値をとるために x 座標で積分するが,その際,式 (5.2) のエルミート共役の定義を用いると

$$\begin{aligned}
\int \psi_K^* \hat{a}^\dagger\hat{a}\psi_K \, dx &= \int (\hat{a}\,\psi_K)^* \hat{a}\psi_K \, dx \\
&= \int |\hat{a}\,\psi_K|^2 \, dx \geq 0 \quad (10.37)
\end{aligned}$$

・ここまでの段階で ψ_K が x の関数であることを仮定していないが,便宜的に変数を x と書いて積分している.

が成り立つ.よって,期待値が負になることはない.

(d) ある固有値 K を持つ状態 ψ_K に,m 回演算子 $\hat{a}$ を作用させた $(\hat{a})^m\psi_K$ を考える(m は負でない整数).この状態に $\hat{a}^\dagger\hat{a}$ を作用させたときの固有値は,(b) の結果を利用すると

$$\hat{a}^\dagger\hat{a}((\hat{a})^m\psi_K) = (K - m)(\hat{a})^m\psi_K \quad (10.38)$$

である.つまり,$m > K$ であれば $(\hat{a})^m\psi_K$ の固有値は負になる.

ところが,(c) の結果は任意の状態に対して $\hat{a}^\dagger\hat{a}$

の固有値が負でないことを意味しており，$K-m$ は負になってはならない．

以上の二つの結論は矛盾しており，お互いに矛盾しない解釈を考えねばならない．そのためには

♣ **固有値 K は 0 または正の整数であること**
♣ $K=0$ の固有関数に a を作用させたとき，

$$\hat{a}\psi_0 = 0 \qquad (10.39)$$

をみたす

の二つの条件を要請しなければならない．

上の二つの条件を認めると，演算子 $\hat{a}$ を m 回作用させる場合，K が負でない整数であれば，ちょうど K 回だけ作用させたときに固有値が 0 の状態になる．

$$(\hat{a})^m\psi_K = (\hat{a})^{m-K}\hat{a}^K\psi_K \propto (\hat{a})^{m-K}\psi_0. \quad (10.40)$$

ここで，2番目の条件 (10.39) より $\hat{a}\psi_0 = 0$ なので，それ以降何度 $\hat{a}$ を作用させても 0 であって，決して負になることはない．

以上の結果から，負でない整数 n を新たに導入し，固有値方程式を

$$\hat{a}^\dagger\hat{a}\,\psi_n = n\psi_n \quad (n=0,1,2,\cdots) \qquad (10.41)$$

と書く．固有値 n が整数であることから，演算子 $\hat{a}^\dagger\hat{a}$ を **数演算子** (number operator) $\hat{N}$ と呼ぶ．よって，エネルギー固有値 E_n は

$$\hat{H}\psi_n = E_n\psi_n, \quad E_n = \left(n+\frac{1}{2}\right)\hbar\omega \qquad (10.42)$$

と書ける．この答えは微分方程式を解いた場合と一致している．

・ここでは $m>K$ を仮定している．そもそも $K>m$ であれば，式 (10.38) で固有値が負になることもなかった．

・仮に K が整数でないとしよう．例えば $K=m-0.1$ とすると，(10.38) から $\hat{a}$ を m 回作用させたとき，$\hat{a}^m\psi_K$ の固有値は -0.1 となってしまい，(c) と矛盾する．

・式 (10.40) で，最後の変形が等号でなく比例になっているのは，$\hat{a}$ が ψ_K に作用したとき固有値だけでなく，波動関数を定数倍変える可能性を考慮したからである．

(e) (a) の結果 (10.35) から，位置と運動量の演算子は $\hat{a}, \hat{a}^\dagger$ を用いて

$$\hat{x} = \frac{1}{2}\sqrt{\frac{2\hbar}{m\omega}}(\hat{a} + \hat{a}^\dagger), \qquad (10.43)$$

$$\hat{p} = \frac{\sqrt{2m\hbar\omega}}{2i}(\hat{a} - \hat{a}^\dagger) \qquad (10.44)$$

と表せる．一方，式 (10.38) とそのエルミート共役から

$$\hat{a}\,\psi_0 = 0, \quad \psi_0^* \hat{a}^\dagger = 0 \qquad (10.45)$$

が成り立つ．したがって，基底状態の位置の期待値は

$$\langle x \rangle = \frac{1}{2}\sqrt{\frac{2\hbar}{m\omega}} \int \psi_0^*(\hat{a} + \hat{a}^\dagger)\psi_0\,dx = 0 \qquad (10.46)$$

である．

同様に，$\langle x^2 \rangle$ については

$$\langle \hat{x}^2 \rangle = \frac{1}{4}\frac{2\hbar}{m\omega}\int \psi_0^*\left(\hat{a}^2 + \hat{a}^{\dagger^2} + \hat{a}\hat{a}^\dagger + \hat{a}^\dagger\hat{a}\right)\psi_0\,dx$$

を計算すればよい．再び，式 (10.45) を用いると，0 でない寄与をするのは

$$\psi_0^* \hat{a}\hat{a}^\dagger \psi_0 = \psi_0^*(\hat{a}^\dagger \hat{a} + 1)\psi_0 = \psi_0^* \psi_0$$

のみである．ψ_0 は規格化されているので，

$$\langle \hat{x}^2 \rangle = \frac{1}{4}\frac{2\hbar}{m\omega} = \frac{1}{2}\frac{\hbar}{m\omega} \qquad (10.47)$$

である．

運動量演算子についても，式 (10.44) を用いて同様な計算をすればよい．結果は

$$\langle \hat{p} \rangle = 0, \quad \langle \hat{p}^2 \rangle = \frac{\hbar m\omega}{2} \qquad (10.48)$$

・式 (10.45) をそのまま用いた．

・交換関係 $[a, a^\dagger] = 1$ を利用し，演算子の順番を入れ替えた．

である．

(f) (a) の結果 $\hat{a} = \alpha\hat{x} + i\beta\hat{p}$ と $\hat{p}$ の微分演算子の表式を代入すると

$$\sqrt{\frac{m\omega}{2\hbar}}x\psi_0 + \sqrt{\frac{1}{2\hbar m\omega}}i(-i\hbar)\frac{d}{dx}\psi_0 = 0,$$

$$\xi\psi_0 + \frac{d}{d\xi}\psi_0 = 0$$

・量子化の規則
$\hat{x} = x$,
$\hat{p} = -i\hbar\frac{d}{dx}$.

となる．この微分方程式は簡単に解けて

$$\psi_0 = N\exp[-\xi^2/2] \qquad (10.49)$$

・N は規格化積分から決定する．

となり，確かに基底状態の波動関数に一致する．

例題 19 の発展問題

19-1. $[\hat{a}^\dagger a, \hat{a}^\dagger] = \hat{a}^\dagger$ を示せ．また，$\hat{a}^\dagger$ が固有値を $\hbar\omega$ だけ増やすことを示せ．

19-2. 基底状態を ψ_0 と書くと，第1励起状態，第2励起状態は $c_1\hat{a}^\dagger\psi_0$, $c_2(\hat{a}^\dagger)^2\psi_0$ と書ける (c_1, c_2 は規格化定数)．基底状態，第1励起状態，第2励起状態がそれぞれ直交することを確認せよ．

19-3. 数演算子の固有状態 ψ_n が以下の関係を満たすことを示せ．

$$a\psi_n = \sqrt{n}\psi_{n-1}, \quad a^\dagger\psi_n = \sqrt{n+1}\,\psi_{n+1}$$

19-4. 規格化された量子数 n の固有関数は

$$\psi_n = \frac{1}{\sqrt{n!}}\left(\hat{a}^\dagger\right)^n\psi_0 \qquad (10.50)$$

であることを示せ．

19-5. 前問で求めた ψ_n を用いて，ポテンシャルエネルギーの期待値を演算子を用いて求めよ．

19-6. 式 (10.49) に $\hat{a}^\dagger$ を作用させて，第1励起状態，第2励起状態の波動関数を x の関数として表せ．

11 周期的ポテンシャルとバンド構造

重要度 ★★

―《 内容のまとめ 》―

　一般に多くの固体は結晶構造を有しており，原子が規則的に配置されている．多数の粒子に対するシュレディンガー方程式を解くことは難しいが，周期性を利用すると扱いが容易になる．$V(x+a) = V(x)$ を満足する周期 a のポテンシャル $V(x)$ が存在する場合，波動関数は実定数 K を用いて

$$\psi(x+a) = e^{iKa}\psi(x) \tag{11.1}$$

と表せる．これをブロッホ (Bloch) の定理という．

　我々はこれまで，束縛状態ではエネルギー準位がとびとびの値を持つこと，散乱状態ではエネルギーが連続的な値をとることを学んできた．物性系のような多数の粒子が参加する物理系では，そのどちらでもなく，エネルギーが連続的な状態がある幅をもって存在するバンド構造を示すようになる．バンド構造は物性を理解する上で非常に重要な概念である．

例題 20　くし型ポテンシャルとバンド構造

1次元ポテンシャル $V(x)$ が長さ a の周期性 $V(x+a) = V(x)$ を持つ場合，以下の問に答えよ．

(a) 波動関数は式 (11.1) を満たすことを示せ．

(b) 図 11.1 のようなデルタ関数が並ぶポテンシャル（Dirac comb）

$$V(x) = v \sum_{n=-\infty}^{\infty} \delta(x - na) \quad (v \text{ は正の定数}) \tag{11.2}$$

に対し，エネルギー準位がバンド構造を持つことを示せ．

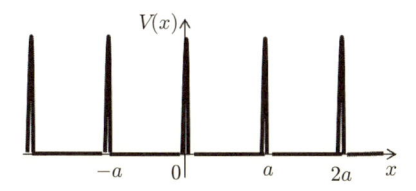

図 11.1: Dirac comb 型ポテンシャル．

考え方

最初に一周期区間での波動関数 $\psi(x)$ をシュレディンガー方程式を解いて決定し，次にブロッホの定理を用いて隣の区間の波動関数を決定する．最後に境界での連続条件を用いてエネルギーを求める式を導く．

解答

(a) 関数 $\psi(x)$ に作用して，位置を a だけずらす並進演算子 $\hat{U}$ を導入する．$\hat{U}$ は

$$\hat{U}\psi(x) = \psi(x+a) \tag{11.3}$$

を満足する．

今，a を微小とみなすと Taylor 展開により

$$\psi(x+a) = \psi(x) + a\frac{d\psi(x)}{dx} + a^2 \frac{1}{2!}\frac{d^2\psi(x)}{dx^2} + \cdots$$

ワンポイント解説

・色々な解法があるが，ここでは演算子を用いて解く方法を示す．

$$= \sum_{n=0}^{\infty} \frac{a^n}{n!} \frac{d^n}{dx^n} \psi(x)$$
$$= \exp\left[a\frac{d}{dx}\right]\psi(x) = \exp\left[ia\frac{\hat{p}}{\hbar}\right]\psi(x)$$

と見ることができる．式 (11.3) と比較すると

$$\hat{U}(a) = \exp\left[i\frac{\hat{p}}{\hbar}a\right] \tag{11.4}$$

と解釈できる．

さて，運動量に $\hat{U}$ を作用させても何も変化を受けない．なぜなら運動量（速度）は 2 点間の相対的な差を用いて定義されるので，2 点の位置を一様に a ずらしても変化しないのである．よって

$$\hat{U}\hat{p} = \hat{p}\hat{U} \quad \Rightarrow \quad [\hat{U}, \hat{p}] = 0 \tag{11.5}$$

が成り立つ．

一方，ポテンシャルに対しても，$V(x+a) = V(x)$ の性質より $[\hat{U}, V(x)] = 0$ である．したがってハミルトニアン $\hat{H}$ は並進演算子 $\hat{U}$ と交換する．

さて例題 14 では交換する演算子は同時固有状態を有することを示した．ψ は $\hat{H}$ の固有関数なので，同時に $\hat{U}$ の固有関数である．その固有値を λ と書けば

$$\hat{U}\psi(x) = \lambda\psi(x) \tag{11.6}$$

である．

式 (11.6) の両辺の絶対値 2 乗をとると，

$$\text{左辺} = |\hat{U}\psi(x)|^2 = \psi^* U^\dagger U \psi = |\psi|^2,$$
$$\text{右辺} = |\lambda|^2 |\psi(x)|^2$$

なので $|\lambda|^2 = 1$ でなければならない．したがって，定数 Ka を用いて

・$\hat{p} = -i\hbar d/dx$ である．

・$\hat{U}$ はユニタリー変換の一種で，$U^\dagger = U^{-1}$ の性質を持つ．運動量 $\hat{p}$ はこの変換の生成子 (generator) という．

・$\hat{U}$ は Taylor 展開すると必ず $\hat{p}$ の多項式になる．$\hat{p}$ の多項式は必ず $\hat{p}$ と交換するので，$[U, \hat{p}] = 0$ である．

・$\hat{U}V(x)\psi(x) = V(x+a)\psi(x+a)$ である．一方，U, V を交換して作用させた場合でも $V(x)\hat{U}\psi(x) = V(x)\psi(x+a) = V(x+a)\psi(x+a)$ である．最後の等式で $V(x)=V(x+a)$ を用いた．

・U はユニタリーなので $U^\dagger U = 1$ である．

$$\lambda = e^{iKa} \quad (K \text{ は実数}) \qquad (11.7)$$

と表すことができる．

一方，式 (11.3) から式 (11.6) の左辺は $\psi(x+a)$ である．以上から

$$\psi(x+a) = e^{iKa}\psi(x) \qquad (11.8)$$

が導かれる．

(b) 一周期の区間 $0 < x < a$ では自由粒子なので，シュレディンガー方程式は

$$-\frac{\hbar^2}{2m}\frac{d^2\psi_1}{dx^2} = E\psi_1(x) \qquad (11.9)$$

である．この解は $p = \sqrt{2mE}/\hbar$ とすれば

$$\psi_1(x) = A\sin(px) + B\cos(px). \qquad (11.10)$$

一方，ブロッホの定理から，$-a < x < 0$ では

$$\psi_2(x) = e^{-iKa}[A\sin\{p(x+a)\} + B\cos\{p(x+a)\}].$$

この二つの波動関数は境界 $x = 0$ で接している．$x = 0$ での波動関数の連続条件は

$$B = e^{-iKa}[A\sin pa + B\cos pa], \qquad (11.11)$$

$$A = (Be^{iKa} - B\cos pa)/\sin pa \qquad (11.12)$$

である．また，波動関数の微分についてはデルタ関数による不連続性を考慮して

$$pA - pe^{-iKa}[A\cos pa - B\sin pa] = \frac{2mv}{\hbar^2}B$$

となる．

これに式 (11.11), (11.12) を代入すると，

→ 発散するポテンシャルに対しては，波動関数の微分は連続でない．デルタ関数による飛びの部分を足す必要がある．例題 8 を見よ．

$$p(Be^{iKa} - B\cos pa)(1 - e^{-iKa}\cos pa)$$
$$+ pBe^{-iKa}\sin^2 pa = \frac{2mv}{\hbar^2}B\sin pa.$$

したがって
$$\cos(Ka) = \cos(pa) + \frac{2mv}{p\hbar^2}\sin(pa) \qquad (11.13)$$

が得られる．p は E の関数なので，この式を解けばエネルギーが定まる．式 (11.13) の左辺はブロッホの定数 K の値にかかわらず -1 から 1 の間でしか変化しない．右辺は $\xi = pa$ とおくと
$$\cos(pa) + \frac{2amv}{pa\hbar^2}\sin(pa) = \cos\xi + C\frac{\sin\xi}{\xi}$$

と書ける．定数 $C = 2amv/\hbar^2$ はポテンシャルの強さにより定まる．

定数 C に適当な値を与え，式 (11.13) の右辺のグラフを書くと，図 11.2 の左図になる．式 (11.13) の左辺は $\cos(Ka)$ なので，方程式に解が存在しうるのは右辺の絶対値が 1 以下の領域である．$\xi \propto E^{1/2}$ なので，E の関数として，解が存在する領域と存在しない領域が交互に出現する．

その様子を縦軸を E として模式的に示したのが図 11.2 右である．解は一本の準位としてではなく，連続的な領域として出現し，この領域をバンド (band) と呼ぶ．また，バンドとバンドの間には解が存在しない領域が存在し，バンド

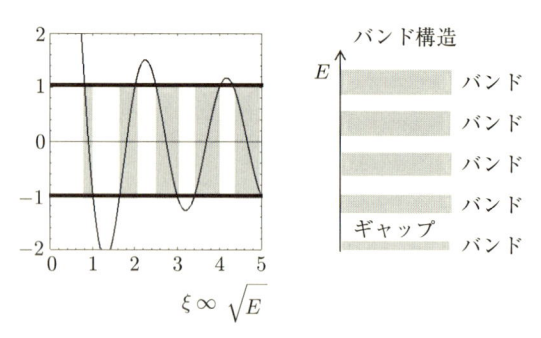

図 11.2: バンド構造．灰色の領域は解が存在．

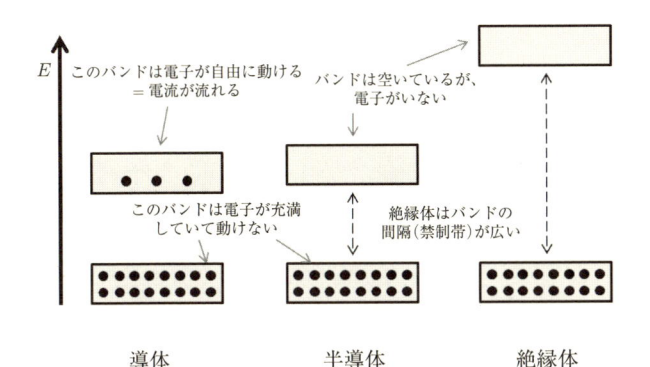

例題 20　くし型ポテンシャルとバンド構造　　95

図 11.3: 導体, 半導体, 絶縁体のバンド構造.

ギャップ (band gap) と呼ぶ．図 11.1 の周期的ポテンシャルを持つ物質中では，バンドギャップ領域のエネルギーを持った電子は存在できない．

バンドには，エネルギー領域の全域に電子が充満している場合（価電子帯）や，電子の数が少なく領域に空きがある場合（伝導帯）などが存在する．例として，図 11.3 の左にある**導体**のバンド構造を見てみよう．下側のバンドは電子が充満している価電子帯で，充満している電子は移動できない．一方，上側のバンドは伝導帯で空いている部分があるため，電子が移動可能である．その結果，導体では電流が流れる．

ところが，図 11.3 右にある**絶縁体**を見ると，下側の価電子帯の部分は同じだが，伝導帯に電子が一つも存在しないため，絶縁体では電流は流れない．価電子帯と伝導帯の間の領域はバンドギャップの部分で，**禁制帯**と呼ばれる．もし，価電子帯にあるいくつかの電子を励起させ，伝導帯に移動させることができれば，電流が流れるようになる．しかし，実際にはバンドギャップが非常に大きいので伝導帯に電子を動かすことはできない．

バンドギャップは**半導体**の性質と密接に関係している．図 11.3 中央の半導体のバンド構造は，絶縁体と似ており電流は流れない．ところが，絶縁体に比べてバンドギャップが狭いため，外からの影響（温度を上げる，光を当てるなど）により電子を励起させ，伝導帯に移動させることが可能である．その結果，半導体では電流が流れるようになる．

12 極座標での3次元シュレディンガー方程式

重要度 ★★★★★

―《 内容のまとめ 》―

現実の物理の問題では，多くの場合3次元のシュレディンガー方程式を解かねばならない．方程式の具体的な形は座標系の取り方に依存し，デカルト（直交）座標系 (x, y, z)，球座標系 (r, θ, ϕ)，円柱座標系 (r, θ, z) などが用いられることが多い．ポテンシャルの関数形に応じて，扱いやすい座標系を選べばよい．本書では，ポテンシャルが距離 r のみに依存し，角度（方向）依存性を持たない場合を扱うので，球座標を選ぶのが便利である．

球座標はデカルト座標系と $x = r\sin\theta\cos\phi$, $y = r\sin\theta\sin\phi$, $z = r\cos\theta$ ($0 \leq r < \infty$, $0 \leq \theta \leq \pi$, $0 \leq \phi \leq 2\pi$) の関係式で結ばれており，図12.1に示される (r, θ, ϕ) を用いて位置を表す．球座標でのハミルトニアン演算子は，

$$H = -\frac{\hbar^2}{2m}\nabla^2 + V(r), \tag{12.1}$$

$$\nabla^2 = \frac{\partial^2}{\partial r^2} + \frac{2}{r}\frac{\partial}{\partial r} + \frac{1}{r^2\sin\theta}\frac{\partial}{\partial\theta}\left(\sin\theta\frac{\partial}{\partial\theta}\right) + \frac{1}{r^2\sin^2\theta}\frac{\partial^2}{\partial\phi^2} \tag{12.2}$$

となる．

3次元球座標で運動を記述する上では，角運動量を導入しておくことが重要である．古典力学の類推から角運動量演算子を

$$\boldsymbol{L} \equiv \boldsymbol{r} \times \boldsymbol{p} \to \boldsymbol{r} \times (-i\hbar\nabla) \tag{12.3}$$

にしたがって導入する．（以下では ∧ の記号を省略する．）

12 極座標での3次元シュレディンガー方程式

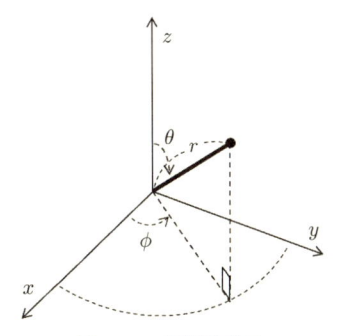

図 12.1: 球座標表示.

球座標を用いて角運動量演算子を表すと

$$L_x = i\hbar \left(\sin\phi \frac{\partial}{\partial \theta} + \cot\theta \cos\phi \frac{\partial}{\partial \phi} \right), \tag{12.4}$$

$$L_y = -i\hbar \left(\cos\phi \frac{\partial}{\partial \theta} - \cot\theta \sin\phi \frac{\partial}{\partial \phi} \right), \tag{12.5}$$

$$L_z = -i\hbar \frac{\partial}{\partial \phi} \tag{12.6}$$

となる.また,角運動量の大きさ2乗の演算子は

$$\begin{aligned} \boldsymbol{L}^2 &\equiv L_x^2 + L_y^2 + L_z^2 \\ &= -\hbar^2 \left(\frac{\partial^2}{\partial \theta^2} + \frac{1}{\tan\theta} \frac{\partial}{\partial \theta} + \frac{1}{\sin^2\theta} \frac{\partial^2}{\partial \phi^2} \right) \end{aligned} \tag{12.7}$$

である.∇^2 は角運動量演算子を用いて表すことが可能で,

$$\nabla^2 = \frac{\partial^2}{\partial r^2} + \frac{2}{r}\frac{\partial}{\partial r} - \frac{1}{\hbar^2}\frac{\boldsymbol{L}^2}{r^2} \tag{12.8}$$

と書ける.

式 (12.2) をシュレディンガー方程式に代入して,波動関数を動径座標 r に依存する $R(r)$ と角度変数 θ, ϕ に依存する関数に分離する.角度変数の解は**球面調和関数** (spherical harmonics) と呼ばれ,二つの量子数 ℓ, m を用い

$$Y_{\ell,m}(\theta,\phi) = \varepsilon \left[\frac{2\ell+1}{4\pi} \frac{(\ell-|m|)!}{(\ell+|m|)!} \right]^{1/2} e^{im\phi} \cdot P_\ell^m(\cos\theta) \tag{12.9}$$

と与えられる. ε は位相因子で, 本書では $m \geq 0$ に対して $\varepsilon = (-1)^m$, $m < 0$ に対して $\varepsilon = 1$ と選ぶことにする. この位相は関係式

$$Y_{\ell,m}^*(\theta,\phi) = (-1)^m Y_{\ell,-m}(\theta,\phi) \tag{12.10}$$

が満足するように定められている. 二つの量子数は**方位量子数** $\ell = 0, 1, 2, \cdots$ と**磁気量子数** m ($-\ell \leq m \leq \ell$ の整数) と呼ばれる.

角運動量演算子を用いると, これらの量子数の物理的意味は明白になる. 例題中の式 (12.23), (12.19) と式 (12.7), (12.6) を比較すると, **球面調和関数** $Y_{\ell,m}(\theta,\phi)$ は, H, L^2, L_z の同時固有状態であることがわかる.

$$L^2 Y_{\ell,m} = \ell(\ell+1)\hbar^2 Y_{\ell,m} \tag{12.11}$$

$$L_z Y_{\ell,m} = m\hbar Y_{\ell,m} \tag{12.12}$$

すなわち, $\hbar$ を単位として

方位量子数 ℓ は角運動量の大きさ, 磁気量子数 m は角運動量の z 成分を表す

という物理的意味を持つ. ただし, $-\ell \leq m \leq \ell$ でなければならない.

最後に, 具体的にいくつかの球面調和関数を記す.

$$\ell = 0 : Y_{0,0} = \frac{1}{\sqrt{4\pi}} \tag{12.13}$$

$$\ell = 1 : \begin{cases} Y_{1,0} = \sqrt{\frac{3}{4\pi}} \cos\theta \\ Y_{1,\pm 1} = \mp\sqrt{\frac{3}{8\pi}} e^{\pm i\phi} \sin\theta \end{cases} \tag{12.14}$$

$$\ell = 2 : \begin{cases} Y_{2,0} = \sqrt{\frac{5}{16\pi}} (3\cos^2\theta - 1) \\ Y_{2,\pm 1} = \mp\sqrt{\frac{15}{8\pi}} e^{\pm i\phi} \cos\theta \sin\theta \\ Y_{2,\pm 2} = \sqrt{\frac{15}{32\pi}} e^{\pm 2i\phi} \sin^2\theta \end{cases} \tag{12.15}$$

規格直交条件は

$$\int_0^\pi d\theta \sin\theta \int_0^{2\pi} d\phi\, Y_{\ell'm'}^*(\theta,\phi) Y_{\ell m}(\theta,\phi) = \delta_{\ell'\ell}\delta_{m'm} \tag{12.16}$$

にしたがう. 以下では $Y_{\ell,m}$ を $Y_{\ell m}$ と表記する場合がある.

例題 21　3次元シュレディンガー方程式の変数分離

式 (12.2) を用いて球座標のシュレディンガー方程式

$$-\frac{\hbar^2}{2m}\left[\frac{\partial^2}{\partial r^2} + \frac{2}{r}\frac{\partial}{\partial r} + \frac{1}{r^2\sin\theta}\frac{\partial}{\partial \theta}\left(\sin\theta\frac{\partial}{\partial \theta}\right) + \frac{1}{r^2\sin^2\theta}\frac{\partial^2}{\partial \phi^2}\right]\psi(\boldsymbol{r})$$
$$+ V(r)\psi(\boldsymbol{r}) = E\psi(\boldsymbol{r}) \quad (12.17)$$

を書き下す．ポテンシャルが距離 r のみに依存するとして以下の問に答えよ．

(a) 極座標を用いて角運動量演算子を表し，式 (12.6) を示せ．
(b) $\psi(\boldsymbol{r}) = R(r)Y(\theta,\phi)$ と変数分離し，$R(r), Y(\theta,\phi)$ に対する方程式を導け．また，$Y(\theta,\phi)$ に対する方程式は，角運動量2乗の演算子 (12.7) の固有値方程式に一致することを示せ．
(c) $Y = \Theta(\theta)\Phi(\phi)$ と変数分離して，それぞれの関数に対する方程式を導け．また，関数 Φ は演算子 L_z の固有関数でもあることを示せ．
(d) 変数 ϕ に対する周期性を考慮し，Φ を決定せよ．

考え方

変数分離法は例題 3 (b) で紹介した．今回は変数が三つなので一つずつ分離する．また，変数 ϕ は $0 \leq \phi \leq 2\pi$ の領域で変化し，かつ波動関数が一価であることから，磁気量子数が導入される．

‖解答‖

(a) 球座標の関係式 $r = \sqrt{x^2+y^2+z^2}$

$$\cos\theta = \frac{z}{\sqrt{x^2+y^2+z^2}}, \quad \tan\phi = \frac{y}{x}$$

を用いて偏微分を実行すると

ワンポイント解説

・ここでは愚直に計算する方法を示す．より洗練された扱いについては，巻末に挙げてある教科書を参照のこと．

$$\frac{\partial r}{\partial y} = \frac{y}{\sqrt{x^2+y^2+z^2}} = \sin\theta\sin\phi,$$

$$\frac{\partial \theta}{\partial y} = \frac{-1}{\sin\theta}\frac{-1}{2}\frac{2yz}{\sqrt{x^2+y^2+z^2}^3} = \frac{\cos\theta\sin\phi}{r},$$

$$\frac{\partial \phi}{\partial y} = \cos^2\phi\frac{1}{x} = \frac{\cos\phi}{r\sin\theta},$$

$$\frac{\partial r}{\partial x} = \frac{x}{\sqrt{x^2+y^2+z^2}} = \sin\theta\cos\phi,$$

$$\frac{\partial \theta}{\partial x} = \frac{-1}{\sin\theta}\frac{-1}{2}\frac{2xz}{\sqrt{x^2+y^2+z^2}^3} = \frac{\cos\theta\cos\phi}{r},$$

$$\frac{\partial \phi}{\partial x} = \cos^2\phi\left(-\frac{y}{x^2}\right) = -\frac{\sin\phi}{r\sin\theta}$$

となる．偏微分の chain rule を用いると

$$\frac{\partial}{\partial y} = \frac{\partial r}{\partial y}\frac{\partial}{\partial r} + \frac{\partial\theta}{\partial y}\frac{\partial}{\partial\theta} + \frac{\partial\phi}{\partial y}\frac{\partial}{\partial\phi}$$

$$= \sin\theta\sin\phi\frac{\partial}{\partial r} + \frac{\cos\theta\sin\phi}{r}\frac{\partial}{\partial\theta} + \frac{\cos\phi}{r\sin\theta}\frac{\partial}{\partial\phi},$$

$$\frac{\partial}{\partial x} = \sin\theta\cos\phi\frac{\partial}{\partial r} + \frac{\cos\theta\cos\phi}{r}\frac{\partial}{\partial\theta} - \frac{\sin\phi}{r\sin\theta}\frac{\partial}{\partial\phi}$$

が得られる．したがって

$$L_z = -i\hbar\left(x\frac{\partial}{\partial y} - y\frac{\partial}{\partial x}\right) = -i\hbar\frac{\partial}{\partial\phi}$$

である．

(b) $\psi(\mathrm{r}) = R(r)Y(\theta,\phi)$ を代入する．

$$-\frac{\hbar^2}{2m}\left(Y\frac{\partial^2 R}{d\partial^2} + Y\frac{2}{r}\frac{\partial R}{\partial r} + R\frac{1}{r^2\sin\theta}\frac{\partial}{\partial\theta}\left(\sin\theta\frac{\partial Y}{\partial\theta}\right)\right.$$

$$\left.+ R\frac{1}{r^2\sin^2\theta}\frac{\partial^2 Y}{\partial\phi^2}\right) + V(r)RY = ERY.$$

両辺を $R(r)\cdot Y(\theta,\phi)\hbar^2/(2mr^2)$ で割ると

$$-\frac{r^2}{R}\left(\frac{\partial^2 R}{\partial r^2} + \frac{2}{r}\frac{\partial R}{\partial r}\right) + \frac{2m}{\hbar^2}r^2\left(V(r) - E\right)$$

$$= \left[\frac{1}{Y}\left(\frac{1}{\sin\theta}\frac{\partial}{\partial\theta}\left(\sin\theta\frac{\partial Y}{\partial\theta}\right) + \frac{1}{\sin^2\theta}\frac{\partial^2 Y}{\partial\phi^2}\right)\right]$$

・角度変数 θ,ϕ に依存するものを右辺に，動径変数 r の関数を左辺に集める．

となる．異なる変数の関数が常に等しいので，両辺はある定数に等しい．この定数を $-\ell(\ell+1)$ とおく．
左辺 $= -\ell(\ell+1)$ から導かれる方程式は

$$-\frac{\hbar^2}{2m}\left[\left(\frac{d^2}{dr^2}+\frac{2}{r}\frac{d}{dr}\right)-\frac{\ell(\ell+1)}{r^2}\right]R(r)$$
$$+V(r)R(r)=ER(r). \quad (12.18)$$

一方，右辺 $= -\ell(\ell+1)$ からは

$$\frac{1}{\sin\theta}\frac{\partial}{\partial\theta}\left(\sin\theta\frac{\partial Y}{\partial\theta}\right)+\frac{1}{\sin^2\theta}\frac{\partial^2 Y}{\partial\phi^2}$$
$$+\ell(\ell+1)Y=0 \quad (12.19)$$

が導かれる．

さて，式 (12.19) の第 1 項目の θ の微分を実行し，両辺に $\hbar^2$ を乗じ，さらに角運動量演算子の定義式 (12.7) を用いると，式 (12.19) は

$$\boldsymbol{L}^2 Y(\theta,\phi)=\ell(\ell+1)\hbar^2 Y(\theta,\phi) \quad (12.20)$$

に帰着する．つまり，角度部分の方程式 (12.19) は $\boldsymbol{L}^2$ の固有値方程式そのものであり，Y は $\boldsymbol{L}^2$ の固有関数であることが分かる．

(c) $Y=\Theta(\theta)\Phi(\phi)$ を式 (12.19) に代入し，$\Theta\Phi/\sin^2\theta$ で両辺を割って整理すると

$$\frac{\sin^2\theta}{\Theta}\left(\frac{1}{\sin\theta}\frac{\partial}{\partial\theta}\left(\sin\theta\frac{\partial\Theta}{\partial\theta}\right)+\ell(\ell+1)\Theta\right)$$
$$=-\frac{1}{\Phi}\frac{\partial^2\Phi}{\partial\phi^2}$$

が得られる．両辺は定数に等しいので，この定数を p とおくと

・後の都合のため定数を $\ell(\ell+1)$ という変な形にとる．この段階では任意の定数なので，例えば定数 k としたまま計算を進めてもよい．後で方程式が有限な解を持つためには $k=-\ell(\ell+1)$ でなければならないことがわかる．

・この結果は物理的に大変重要である．このことからハミルトニアンと $\boldsymbol{L}^2$ 演算子が同時固有状態を持つことを意味している．

$$\frac{\sin^2\theta}{\Theta}\left[\frac{1}{\sin\theta}\frac{\partial}{\partial\theta}\left(\sin\theta\frac{\partial\Theta}{\partial\theta}\right)+\ell(\ell+1)\Theta\right]=p, \tag{12.21}$$

$$-\frac{1}{\Phi}\frac{\partial^2\Phi}{\partial\phi^2}=p \tag{12.22}$$

が得られる.

(d) 定数 p はこの段階では未定なので,まず p が正の場合を考えよう.$p = m^2$(m は実数)とおけば,ϕ に対する方程式は

$$\frac{\partial^2\Phi}{\partial\phi^2}+m^2\Phi=0 \tag{12.23}$$

となる.この解は簡単に求まり,$e^{im\phi}$ である.

ϕ は z 軸まわりの角度を表すので,2π 加えると元の位置に戻る.波動関数は一価関数なので,

$$e^{im\phi}=e^{im(\phi+2\pi)} \qquad \therefore e^{i2m\pi}=1 \tag{12.24}$$

が成り立たなければならない.したがって,m は整数である.以上,ϕ 部分の結果をまとめると

$$\Phi(\phi)=e^{im\phi} \qquad (m\text{ は整数}) \tag{12.25}$$

となる.

$p < 0$ の可能性を考慮するため,$p = -n^2$ とおいてみる(n は実数).この場合の解は $e^{n\phi}$ および $e^{-n\phi}$ である.これらの関数は,ϕ の周期性を満足することができないのは明白で,不適である.

さて,方程式 (12.23) の解である Φ は,角運動量の z 成分の演算子 L_z の固有値方程式を満たすことがわかる.なぜなら,式 (12.6) を式 (12.25) に作用させると

・この段階では p は正負どちらの可能性もある実数である.

・自由粒子と同じで,縮退していて向きが異なる二つの解が得られる.$e^{-im\phi}$ も解だが,通常 m は正から負の数の値をとると考えるので,$e^{im\phi}$ を考えれば十分.

・より厳密には波動関数の 2 乗が一価関数であればよい.この可能性はスピン量子数に対応するが,本書では扱わない.

・Φ の意味も明白になった.ハミルトニアンと L_z 演算子も同時固有状態を持つことがわかる.

$$L_z \Phi = -i\hbar \frac{d}{d\phi}\Phi = m\hbar \Phi \qquad (12.26)$$

を満たすからである．固有値は $m\hbar$ である．

例題 21 の発展問題

21-1. 球座標でのラプラシアン (12.2) を導出せよ．

21-2. 3 次元空間で z にのみ依存するポテンシャル

$$V(x,y,z) = -V_0 \exp\left[-z^2/z_0^2\right]$$

を考える（V_0, z_0 は正の定数）．円柱座標を用いて変数分離し，r, θ, z それぞれの変数についての方程式を導け．

21-3. 3 次元調和振動子ポテンシャル

$$V = \frac{1}{2}m\omega^2 r^2 = \frac{1}{2}m\omega^2(x^2+y^2+z^2)$$

に対し，デカルト座標系を用いて変数分離し，x, y, z についての方程式を導け．また，1 次元問題の解を利用し，3 次元の場合のエネルギー準位を求めよ．

例題 22　ルジャンドル陪関数と球面調和関数

(a) $-1 \leq x \leq 1$ で定義される関数 F についての微分方程式

$$(1-x^2)\frac{d^2F}{dx^2} - 2x\frac{dF}{dx} + \ell(\ell+1)F - \frac{m^2}{(1-x^2)}F = 0 \quad (12.27)$$

は $\ell = 0, 1, 2 \cdots, -\ell \leq m \leq \ell$ の場合に，有界な解 $F = P_\ell^m(x)$ を持つことが知られている．ここで，$P_\ell^m(x)$ はルジャンドル (Legendre) 陪関数と呼ばれ，ルジャンドル多項式 $P_\ell(x)$ とは

$$P_\ell(x) = \frac{1}{2^\ell \ell!}\frac{d^\ell(x^2-1)^\ell}{dx^\ell}, \quad (12.28)$$

$$P_\ell^m(x) = (1-x^2)^{|m|/2}\frac{d^{|m|}P_\ell(x)}{dx^{|m|}} \quad (12.29)$$

の関係で結びついている．式 (12.21) に対して適当な変数変換を行い，$\Theta(\theta)$ をルジャンドル陪関数を用いて表せ．

(b) 式 (12.13), (12.14) を用いて，Y_{00} と Y_{10} が直交することを示せ．

(c) 式 (12.14) を用い $\ell = 1$, $m = 1$ の状態での角運動量の z 成分，および x 成分の標準偏差，$\Delta L_z, \Delta L_x$ を計算し，結果を考察せよ．

考え方

特殊関数を用いて解を表す問題である．ルジャンドルの微分方程式での特徴的な変数変換 $x = \cos\theta$ を用いて方程式を変形する．また，球面調和関数の積分には立体角積分が必要なので，慣れておく必要がある．

‖解答‖

(a) 変数 θ の方程式 (12.21) に，ϕ 成分の条件式 $p = m^2$（m は整数）を代入すると，

$$\frac{1}{\sin\theta}\frac{\partial}{\partial\theta}\left(\sin\theta\frac{\partial\Theta}{\partial\theta}\right) + \ell(\ell+1)\Theta - \frac{m^2\Theta}{\sin^2\theta} = 0 \quad (12.30)$$

となる．変数変換 $x = \cos\theta$ ($-1 \leq x \leq 1$) を導入

ワンポイント解説

この段階では ℓ は未定の実数である．m は整数という条件はわかっている．

し，微分を書き換える．

$$\frac{d}{d\theta} = \frac{dx}{d\theta}\frac{d}{dx} = -\sin\theta \frac{d}{dx}$$

以上の関係を式 (12.30) に代入すると

$-\frac{d}{dx}\left(-\sin^2\theta \frac{d}{dx}\right)\Theta + \ell(\ell+1)\Theta - \frac{m^2}{\sin^2\theta}\Theta = 0$

$(1-x^2)\frac{d^2\Theta}{dx^2} - 2x\frac{d\Theta}{dx} + \ell(\ell+1)\Theta - \frac{m^2}{(1-x^2)}\Theta = 0$

となる．この方程式は式 (12.27) に一致している．

式 (12.27) の微分方程式は **ℓ が 0 または正の整数**のときに有限な解が存在することが知られており（発展問題 22-1 参照），その解をルジャンドル陪関数という．よって，ルジャンドル陪関数を用いて

$$\Theta(\theta) = P_\ell^m(\cos\theta) \tag{12.31}$$

と表せる．

(b) θ の積分を実行するには $u = \cos\theta$ の変数変換を行うと便利である．$du = -\sin\theta d\theta$, 積分範囲は $u = 1$ から $u = -1$ なので

$$\int_0^\pi \sin\theta d\theta \Longrightarrow \int_{-1}^1 du \tag{12.32}$$

となる．この変換を用いて積分すると

$$\int d\Omega\, Y_{00}^* Y_{10} = \frac{1}{\sqrt{4\pi}}\sqrt{\frac{3}{4\pi}}\int_0^{2\pi} d\phi \int_0^\pi d\theta \sin\theta \cos\theta$$

$$= \frac{1}{\sqrt{4\pi}}\sqrt{\frac{3}{4\pi}} 2\pi \int_{-1}^1 du\, u = 0.$$

(c) 方位量子数 1, 磁気量子数 +1 の球面調和関数は

$$Y_{1,1} = -\sqrt{\frac{3}{8\pi}}\, e^{i\phi}\sin\theta \tag{12.33}$$

である．z 成分の期待値は，あらわに微分演算子を作用させなくても，球面調和関数が式 (12.11) の固

・変数が θ のみなので，全微分に変える．

・$\sin^2\theta = 1 - \cos^2\theta = 1 - x^2$ である．

・$m = 0$ としたものが，ルジャンドルの微分方程式である．

・級数展開法を用いると，$x = \pm 1$ で発散しない解を得るには，ℓ は整数でなければならないことが示せる．

・立体角積分要素は $d\Omega = \sin\theta d\theta d\phi$ である．変化域は $0 \leq \theta \leq \pi, 0 \leq \phi \leq 2\pi$ である．

・$Y_{\ell m}$ の m は同じだが，ℓ が異なる．

・$L_z Y_{\ell m} = m\hbar Y_{\ell m}$ を用いた．ある演算子の固有関数を用いると，その物理量の不確定性が 0 になることは例題 9 で学んだ．

有関数であることから簡単にわかる．

$$L_z Y_{1,1} = +\hbar Y_{1,1}$$

であるから $\Delta L_z = \sqrt{\langle L_z^2 \rangle - \langle L_z \rangle^2} = 0$ となる．

一方，x 成分を求めるには式 (12.4) の演算子を $Y_{1,1}$ に作用させる．

$$\begin{aligned} L_x Y_{1,1} &= -i\hbar \left(\sin\phi \frac{\partial}{\partial \theta} + \cot\theta \cos\phi \frac{\partial}{\partial \phi} \right) \\ &\qquad \times \left(\sqrt{\frac{3}{8\pi}} e^{i\phi} \sin\theta \right) \\ &= -i\hbar \sqrt{\frac{3}{8\pi}} e^{i\phi} (\sin\phi \cos\theta \\ &\qquad\qquad +i\cot\theta \sin\theta \cos\phi) \\ &= \hbar \sqrt{\frac{3}{8\pi}} \cos\theta\, e^{i\phi} (\cos\phi - i\sin\phi) \\ &= \hbar \sqrt{\frac{3}{8\pi}} \cos\theta. \end{aligned} \qquad (12.34)$$

したがって，

$$\begin{aligned} \langle L_x \rangle &= \int_0^\pi \sin\theta\, d\theta \int_0^{2\pi} d\phi\, Y_{1,1}^* L_x Y_{1,1} \\ &= \int_0^\pi \sin\theta\, d\theta (\cdots) \int_0^{2\pi} d\phi\, e^{-i\phi} = 0 \quad (12.35) \end{aligned}$$

よって $\langle L_x \rangle = 0$ である．

一方，$\langle L_x^2 \rangle$ を計算するには，式 (12.34) にもう一度演算子 L_x を作用させて

・θ 積分の内容に関係なく，ϕ 積分が $e^{-i\phi}$ の一周期積分になり 0 である．

$$L_x^2 Y_{1,1} = -i\hbar^2 \left(\sin\phi \frac{\partial}{\partial \theta} + \cot\theta \cos\phi \frac{\partial}{\partial \phi} \right)$$
$$\times \sqrt{\frac{3}{8\pi}} \cos\theta$$
$$= -i\hbar^2 \sqrt{\frac{3}{8\pi}} \sin\phi (-\sin\theta)$$

が得られる．よって期待値は

$$\langle L_x^2 \rangle = \int_0^\pi \sin\theta d\theta \int_0^{2\pi} d\phi\, Y_{1,1}^* L_x^2 Y_{1,1}$$
$$= \frac{3i\hbar^2}{8\pi} \int_0^\pi \sin\theta d\theta \int_0^{2\pi} d\phi\, e^{-i\phi} \sin^2\theta \sin\phi$$
$$= \frac{3i\hbar^2}{8\pi} \int_{-1}^1 du(1-u^2)$$
$$\times \int_0^{2\pi} (\cos\phi - i\sin\phi)\sin\phi d\phi$$
$$= i\frac{3}{8\pi}\hbar^2 \left(2 - \frac{2}{3}\right)(-i\pi) = \frac{\hbar^2}{2}.$$

以上から角運動量 z,x 成分の標準偏差は

$$\Delta L_z = 0, \quad \Delta L_x = \frac{\hbar}{\sqrt{2}} \quad (12.36)$$

である．球面調和関数は L_z の固有関数なので，z 成分の不確定性が 0 なのは当然である．一方，角運動量の x 成分は不確定さなしに定めることができない．y 成分も同様で $\Delta L_y = \hbar/\sqrt{2}$ である．

・球面調和関数の積分では位相に注意！位相の関係式 (12.10) を用いる．
$Y_{1,1}^* = (-1)^1 Y_{1,-1}$
である．

・前問 (b) と同様に $\cos\theta = u$ と変数変換すれば，θ 積分は容易である．$e^{-i\phi}$ についてはオイラーの公式を用いて，$\cos\phi - i\sin\phi$ となる．

補足：角運動量の不確定性

例題 22(c) で角運動量の x, y 成分が不確定となるのは，式 (12.12) で球面調和関数を z 成分の固有関数と選んだからである．x 成分の固有関数として選ぶことも可能であるが，そのときは z 成分が不確定となる．このことは角運動量の各成分の演算子の交換関係が 0 でないこと

(♠) $\quad [L_x, L_y] = i\hbar L_z, \quad [L_y, L_z] = i\hbar L_x, \quad [L_z, L_x] = i\hbar L_y$

から裏付けられる．（これらの証明は発展問題 2-2 で行った．）一般化された不確定性関係 (8.2) を用いると

$$\Delta L_x \Delta L_y \geq \left\langle \frac{L_z}{2} \right\rangle = \frac{m\hbar}{2}$$

となり，$m=0$ でなければ，x, y 成分の角運動量は不確定性を持つ．

例題 22 の発展問題

22-1. 式 (12.27) で $m=0$ としたものがルジャンドルの微分方程式である．その方程式が $-1 \leq x \leq 1$ の領域で有限な解を持つためには，$\boldsymbol{\ell}$ は $\boldsymbol{0}$ または正の整数でなければならないことを示せ．（ヒント：F に対して級数展開法を用い，級数が発散しない条件を導く．）

22-2. ルジャンドル陪関数の直交関係

$$\int_{-1}^{1} dx\, P_{\ell'}^{m'}(x) P_{\ell}^{m}(x) = \delta_{\ell'\ell} \frac{2}{2\ell+1} \frac{(\ell+|m|)!}{(\ell-|m|)!}$$

を用いて，球面調和関数の規格直交関係 (12.16) を示せ．

22-3. 方位量子数 ℓ は角運動量の大きさを表す量子数であるが，$\boldsymbol{L}^2$ の固有値は，式 (12.11) より ℓ^2 ではなく $\ell(\ell+1)$ である．単純に ℓ^2 とならない物理的な理由を，例題 22(c) の結果を考慮して説明せよ．

22-4. 例題 22 から球面調和関数は $\boldsymbol{L}^2$ と L_z の同時固有状態である．一方，例題 14 から同時固有状態を持つ演算子は交換することが知られている．交換関係 (♠) を用いて $[\boldsymbol{L}^2, L_z]=0$ が成り立つことを示せ．

22-5. 3 次元の単位ベクトルは $\ell=1$ の三つの球面調和関数 Y_{1m} を用いて表現できる．例えば，単位ベクトルの x 成分は

$$\frac{x}{r} = \sum_{m=-1}^{1} c_m Y_{1m}$$

と展開可能である．c_m を決定せよ．

13 中心力ポテンシャル

重要度 ★★★

《 内容のまとめ 》

距離 r のみに依存する 3 次元のポテンシャル $V(r)$ が表す力を中心力と呼ぶ. 変数分離 (12.18) の結果, 動径波動関数 $R(r)$ を決定するための方程式は

$$-\frac{\hbar^2}{2m}\left(\frac{d^2R(r)}{dr^2}+\frac{2}{r}\frac{dR(r)}{dr}\right)+\frac{\ell(\ell+1)\hbar^2}{2mr^2}R(r)+V(r)R(r)=ER(r) \tag{13.1}$$

となる. その規格化条件は

$$\int_0^\infty |R(r)|^2 r^2 dr = 1 \tag{13.2}$$

である.

式 (13.1) は方位量子数 ℓ に依存しているが, 磁気量子数 m には依存しない. よって得られるエネルギーは m について縮退している. m は $-\ell \leq m \leq \ell$ の範囲の整数なので, $2\ell+1$ 重に縮退する.

動径方程式は変数変換

$$R(r) \equiv \frac{u(r)}{r} \tag{13.3}$$

を導入すると簡単になり

$$-\frac{\hbar^2}{2m}\frac{d^2u(r)}{dr^2}+\left[V(r)+\frac{\ell(\ell+1)\hbar^2}{2mr^2}\right]u(r)=E\,u(r) \tag{13.4}$$

が得られる. この方程式は形式的に 1 次元シュレディンガー方程式と同じである. ただし, $R(r)$ は原点で発散してはいけないので,

$$u(r \to 0) \to 0 \tag{13.5}$$

でなければならない．また，規格化条件は式 (13.2) から

$$\int_0^\infty |u(r)|^2 dr = 1 \tag{13.6}$$

である．

式 (13.4) の [ ] 内第 2 項は，もともと角度変数の変数分離の際に定数項として現れたものだが，ここで新たに，$\ell(\ell+1)$ に比例し r^2 に反比例するポテンシャル

$$\frac{\ell(\ell+1)\hbar^2}{2mr^2} \tag{13.7}$$

として解釈する．この項は遠心力ポテンシャル (centrifugal potential / barrier) と呼ばれる．

中心力 $V(r)$ と遠心力ポテンシャルを合わせて有効ポテンシャル

$$V_{eff} \equiv V(r) + \frac{\ell(\ell+1)\hbar^2}{2mr^2} \tag{13.8}$$

を定義すると，方程式 (13.4) は式 **(13.5)** の条件以外は，**1** 次元シュレディンガー方程式を有効ポテンシャルの下で解く問題とみなせる．具体的な例として，図 13.1 にクーロン引力と遠心力の合計を図示した．

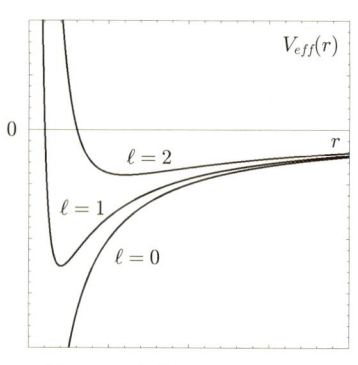

図 13.1: 有効ポテンシャル．

例題 23 遠心力ポテンシャル

(a) 動径方向の波動方程式 (13.1) を用いて，式 (13.4) を導け．

(b) ポテンシャルが $r \sim 0$ 付近で r^{-2} よりも強く発散しない場合，つまり $\lim_{r \to 0} r^2 V(r) \to 0$ が成り立つとき，$u(r)$ が $r \sim 0$ 近傍で

$$u(r) \sim r^{\ell+1}, \quad R(r) \sim r^{\ell}$$

と振る舞うことを示せ．

考え方

(a) は単なる微分の変数変換である．(b) のように解の漸近形を求める場合，微分の項は必ず残し，ポテンシャルや定数の項は主要な寄与をするものだけを残す．

∥解答∥

(a) 式 (13.3) を用いて変数変換すると

$$\frac{dR}{dr} = \frac{d(u/r)}{dr} = \frac{1}{r}\frac{du}{dr} - \frac{1}{r^2}u,$$

$$\frac{d^2 R}{dr^2} = \frac{1}{r}\frac{d^2 u}{dr^2} - \frac{2}{r^2}\frac{du}{dr} + \frac{2}{r^3}u$$

となる．これを式 (13.1) に代入すると，式 (13.4) が得られる．以降，この方程式を用いる．

(b) 原点付近で $u \sim r^k$ を仮定し，式 (13.4) に代入すると

$$\frac{\hbar^2}{2m}\left(-k(k-1)r^{k-2} + \ell(\ell+1)r^{k-2}\right) + V r^k = E r^k.$$

$V(r)$ は原点付近で強く発散しないので，左辺第 3 項と右辺は無視すると，

$$\left\{\frac{\hbar^2}{2m}(-k(k-1) + \ell(\ell+1))\right\} r^{k-2} = 0$$

となる．

ワンポイント解説

・$r \sim 0$ で $u(r)$ をべき展開したときの最低次の項が r^k ということである．

つまり，$k = \ell+1$ または $k = -\ell$ でなければならない．$\ell \geq 0$ なので $k = -\ell$ は不適である．したがって，原点近傍で $R(r) \sim r^\ell$ でなければならない．

・$u \sim r^{-\ell}$ は原点で発散するので不適である．

補足

 例題 (b) の結果は以下のように理解することができる．$\ell \neq 0$ の場合，遠心力は原点付近で強い斥力として働く．その結果，粒子は原点に存在できず，原点での波動関数 **$R(r)$ は 0** になる．$\ell = 0$ の場合だけは遠心力ポテンシャルが働かないので，波動関数 $R(r)$ は原点で 0 にならない．

例題 23 の発展問題

23-1. 中心力ポテンシャル $V(r)$ が $r \to \infty$ で 0 になる場合に，$E > 0$ の散乱状態の動径波動関数 $R(r)$ は，$r \to \infty$ において

$$R(r \to \infty) \to \frac{e^{ikr}}{r}, \; \frac{e^{-ikr}}{r} \quad \left(k = \frac{\sqrt{2mE}}{\hbar}\right)$$

となることを示せ．また前者の解が外向波（原点から外側に向かう波），後者が内向波（外側から原点に向かう波）であることを説明せよ．

23-2. 球座標の動径シュレディンガー方程式 (13.1) で $V = 0$ の場合を考える．その方程式を，無次元化した変数 x を導入して書き直し，

$$\frac{d^2 f(x)}{dx^2} + \frac{2}{x}\frac{df(x)}{dx} + \left\{1 - \frac{\ell(\ell+1)}{x^2}\right\} f(x) = 0$$

の方程式と等価であることを示せ（例題 24(b) 参照）．

例題 24　3次元井戸型ポテンシャルの束縛状態

(a) 3次元無限井戸型ポテンシャル

$$V(r) = \begin{cases} 0 & (0 \leq r \leq a) \\ \infty & (r > a) \end{cases} \quad (13.9)$$

に対し，$\ell = 0$ の場合のエネルギー準位と固有関数を求めよ．

(b) 前問 (a) で $\ell \neq 0$ の場合に，$0 \leq x \leq a$ の解を球ベッセル関数を用いて表せ．この場合のエネルギーを決定するための条件を導け．

(c) 半径 a，強さ $-V_0$（V_0 は正の定数）の有限井戸型ポテンシャル

$$V(r) = \begin{cases} -V_0 & (0 \leq r \leq a) \\ 0 & (r > a) \end{cases} \quad (13.10)$$

がある．方位量子数 ℓ が 0 の場合，束縛状態が一つ存在するためにエネルギー E が満たす条件を求めよ．

考え方

1次元シュレディンガー方程式と同じように解けばよいが，式 (13.5) の条件を忘れてはならない．また，一般に $\ell \neq 0$ の場合は複雑で，特殊関数を用いる必要がある．

解答

(a) $0 \leq r \leq a$ で $u(r)$ に対する方程式は

$$-\frac{\hbar^2}{2m} \frac{d^2 u(r)}{dr^2} = E\, u(r)$$

となる．この解は

$$u(r) = A \sin(kr) + B \cos(kr), \quad k = \frac{\sqrt{2mE}}{\hbar}$$

である．また，$r > a$ では波動関数は 0 である．

ワンポイント解説

・1次元問題と同じく **Step1** から始める．式 (13.4) は $\ell = 0$ の場合，無限井戸型の問題 例題 5 とまったく同じである．

式 (13.5) から $B = 0$ でなければならない．また，$r = a$ での連続条件から $u(a) = 0$ である．したがって，$ka = n\pi \ (n = 1, 2, \cdots)$ が得られ，
$$E_n = \frac{\hbar^2}{2ma^2}\pi^2 n^2 \quad (n = 1, 2, 3, \cdots)$$
となる．また，規格化された波動関数は
$$u_n(r) = \sqrt{\frac{2}{a}} \sin \frac{n\pi}{a} r$$
である．

$u(r)$ から元の波動関数 $R(r)$ に戻すと
$$R_n(r) = \sqrt{\frac{2}{a}} \frac{\sin \frac{n\pi}{a} r}{r} \tag{13.11}$$
となり，いわゆる球面波の形をしている．

(b) 式 (13.1) において $V = 0$ とした方程式を考える．この方程式の両辺を E で割り，無次元化した変数
$$\rho \equiv \frac{\sqrt{2mE}}{\hbar} r \tag{13.12}$$
を定義すると（発展問題 23-2 参照），動径方程式は
$$\frac{d^2 R}{d\rho^2} + \frac{2}{\rho}\frac{dR}{d\rho} + \left\{1 - \frac{\ell(\ell+1)}{\rho^2}\right\} R = 0 \tag{13.13}$$
に帰着する．この方程式の解は球ベッセル関数 $j_\ell(\rho)$，および球ノイマン関数 $n_\ell(\rho)$ として知られている．その中で原点で有限なものは $j_\ell(\rho)$ である．以上から波動関数は，規格化定数を A とすると
$$R(r) = A j_\ell(\rho)$$
となる．$r = a$ での連続条件から
$$j_\ell\left(\frac{\sqrt{2mE}}{\hbar} a\right) = 0$$

・**Step2**: 境界条件を考慮する．$u(r)$ には必ず $u(r = 0) = 0$ を課すこと．

・1次元無限井戸型例題 5 とまったく同じである．

・球ベッセル関数は原点から伝わる 3 次元の球面波を表す関数である．

・級数展開を仮定して式 (13.13) に代入しても，球ベッセル関数の具体的な形を導出できる．特に $\ell = 0$ の場合は $j_0(\rho) = \sin\rho/\rho$ となり，前問の答と一致する．

がエネルギーを決定する条件となる.

(c) $u(0) \to 0$ の条件以外は例題10の有限井戸型ポテンシャルと全く同じである.

$r < a$ では

$$-\frac{\hbar^2}{2m}\frac{d^2 u(r)}{dr^2} - V_0 u(r) = E\, u(r)$$

なので, $p \equiv \sqrt{2m(V_0+E)}/\hbar$ を用いて

$$u(r) = A \sin pr \qquad (13.14)$$

である.

一方, $r > a$ では

$$-\frac{\hbar^2}{2m}\frac{d^2 u(r)}{dr^2} = E\, u(r).$$

この問題では束縛状態を考えるので $E < 0$ でなければならない. $q \equiv \sqrt{-2mE}/\hbar$ を定義すると

$$u(r) = B \exp[qr] + C \exp[-qr]$$

である.

$r \to \infty$ で波動関数が発散してはいけないので, $B = 0$ である. また, $r = a$ での波動関数とその微分の連続条件から

$$A \sin pa = C \exp[-qa],$$
$$pA \cos pa = -qC \exp[-qa]$$

が得られる. 辺々割り $\eta = pa$, $\xi = qa$ と書くと

$$\xi = -\eta \cot(\eta) \qquad (13.15)$$

が得られる. この条件と関係式

$$\xi^2 + \eta^2 = \frac{2ma^2 V_0}{\hbar^2} \qquad (13.16)$$

・$j_\ell(\rho) = 0$ となる根 ρ は数値として与えられる. 例えば, $\ell = 0$ の場合の最も小さい根は3.141, $\ell = 1$ の場合の最も小さい根は4.493である. これらの値を用いると, E が決定できる.

・束縛状態になるためには, 無限遠方のポテンシャルよりも E が小さい必要がある. 例題10 参照.

・**Step2**: 境界条件の考慮.

・この条件は例題10の case II と一致している.

を連立すればよい．

図 13.2 に示した ξ, η 平面のグラフにおいて，式 (13.15) 右辺と η 軸との交点は $\eta = \pi/2$ である．よって円 (13.16) との交点が一つ存在する条件は

$$\left(\frac{\pi}{2}\right)^2 < \frac{2ma^2}{\hbar^2}V_0 < \left(\frac{3\pi}{2}\right)^2$$
$$\therefore \frac{\pi^2\hbar^2}{8ma^2} < V_0 < \frac{9\pi^2\hbar^2}{8ma^2} \tag{13.17}$$

である．

・束縛状態の個数は，このグラフの交点の数に対応している．例題 10 参照．

・波動関数を図 13.3 に示す．$-V_0$ がポテンシャルの深さで，E_1 が基底重状態のエネルギー．

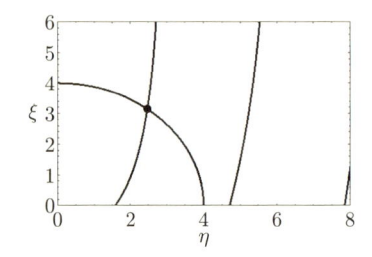

図 13.2: 束縛状態を表す交点．

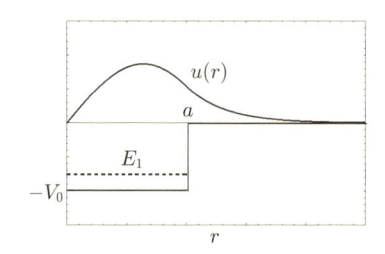

図 13.3: 基底状態の波動関数．

例題 24 の発展問題

24-1. 3 次元有限井戸では $E < 0$ にもかかわらず束縛状態が存在しない場合がある．例題 24(c) を用い，束縛状態が一つも存在しない条件を求めよ．また，なぜこのような状況が起こるのか，1 次元有限井戸の束縛状態（例題 10）と比較して説明せよ．

24-2. 原点付近に強い斥力があるポテンシャル

$$V(r) = \begin{cases} \infty & (r \leq a) \\ -V_0 & (a < r < b) \\ 0 & (r \geq b) \end{cases} \quad (a, b \text{ は正の定数})$$

に対し，$\ell = 0$ の場合に束縛状態が一つだけ存在する条件を求めよ．

例題 25　3次元井戸型ポテンシャルによる散乱：位相のずれ

3次元有限井戸型ポテンシャル

$$V(r) = \begin{cases} V_0 & (0 \leq r \leq a) \\ 0 & (r > a) \end{cases} \quad (13.18)$$

に対し $E > 0$ の散乱状態を考える．ただし，$\ell = 0$ に限るとする．

(a) $r > a$ での波動関数を

$$u(r) \propto \sin(kr + \delta), \quad k = \sqrt{2mE}/\hbar$$

と表した場合の δ を求めよ．ただし，V_0 は正負どちらの可能性もある定数だが，$E - V_0 > 0$ は満たすとする．

(b) V_0 の正負（すなわち斥力であるか引力であるか）は，位相のずれ δ の符号とどのような関係かを説明せよ．

考え方

式 (13.5) を忘れずに，式 (13.4) を解けばよい．ここでは，ポテンシャルの引力・斥力の違いが波動関数の位相のずれ δ に反映することを見る．

解答

(a) $0 < r < a$ に対しては

$$-\frac{\hbar^2}{2m}\frac{d^2 u(r)}{dr^2} + V_0 u(r) = E\, u(r) \quad (13.19)$$

である．したがって，A を定数として

$$u(r) = A \sin(k_1 r), \quad k_1 = \frac{\sqrt{2m(E - V_0)}}{\hbar} \quad (13.20)$$

である．ここで式 (13.5) を用いた．

一方，$r > a$ でのシュレディンガー方程式は

$$-\frac{\hbar^2}{2m}\frac{d^2 u(r)}{dr^2} = E\, u(r) \quad (13.21)$$

ワンポイント解説

・ $\ell \neq 0$ の場合は，球ベッセル関数や球ノイマン関数を用いて解を表す必要がある．

なので，波動関数は定数 A' と δ を用いて，

$$u(r) = A' \sin(k_2 r + \delta), \quad k_2 = \frac{\sqrt{2mE}}{\hbar} \quad (13.22)$$

と書ける．

$r = a$ での波動関数とその微分の連続条件から

$$A \sin k_1 a = A' \sin(k_2 a + \delta),$$
$$k_1 A \cos k_1 a = k_2 A' \cos(k_2 a + \delta)$$

が得られる．この 2 式から A, A' を消去すると

$$k_2 \tan(k_1 a) = k_1 \tan(k_2 a + \delta). \quad (13.23)$$

加法定理を用いて展開し，δ について解くと

$$\tan \delta = \frac{k_2 \tan(k_1 a) - k_1 \tan(k_2 a)}{k_2 \tan(k_1 a) \tan(k_2 a) + k_1} \quad (13.24)$$

が得られる．

(b) 関数 $y(x) = \tan x / x$ を考えると，$0 \le x < \pi/2$ で単調増加である．一方，式 (13.20), (13.22) から，斥力 $V_0 > 0$ のときは $k_1 < k_2$ である．よって

$$\frac{\tan(k_1 a)}{k_1 a} < \frac{\tan(k_2 a)}{k_2 a}$$

が成り立つ．この大小関係を式 (13.24) に代入すると，$\delta < 0$ が得られる．一方，引力 $V_0 < 0$ のときは $k_1 > k_2$ なので，同様の計算から $\delta > 0$ である．

式 (13.24) を用いて δ を V_0 の関数として表すと，図 13.4 になる．V_0 が正で斥力の場合は $\delta < 0$，V_0 が引力の場合は $\delta > 0$ になる．一般にポテンシャルが未知の場合，何らかの方法で δ を実験的に測定できれば，ポテンシャルが引力なのか斥力なのかを知ることができる．

補足：引力（図 13.5）の場合，斥力（図 13.6）の場合の波動関数 $u(r)$ を図示

・通常 $\sin, \cos$ で解を表すが，後の都合上 $\cos$ ではなく，位相 δ を導入して解を表した．

・$\tan$ の加法定理
$\tan(\alpha + \beta) = (\tan \alpha + \tan \beta)/(1 - \tan \alpha \tan \beta)$.

・$y' = 1/(x \cos^2 x) - \tan x / x^2 = (2x - \sin 2x)/(2x^2 \cos^2 x)$ なので，今考えている x 領域では $y' > 0$ である．

・$\ell \ne 0$ の場合は，$u(r) \sim \sin(k_2 r - \ell \pi / 2 + \delta)$ となることが知られている．

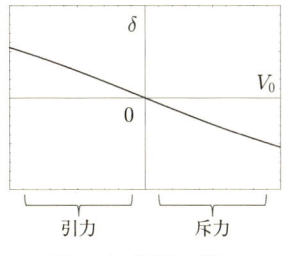

図 13.4: 位相のずれ.

し，位相のずれがどのように反映するかを示した．点線は $V=0$ の自由粒子の場合である．図 13.5 では，自由粒子と比べ，引力ポテンシャルを受けて位相がずれ，全体が原点の方向に寄っている．逆に斥力の場合は，原点から遠ざかる方向に波動関数が押し出されている．このように位相のずれは波動関数の振る舞いを知る上で大変便利な量である．

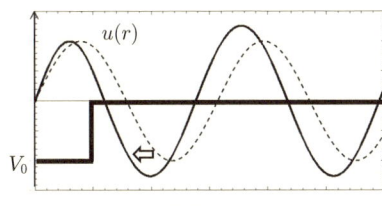

図 13.5: $u(r)$ の位相のずれ（引力）． 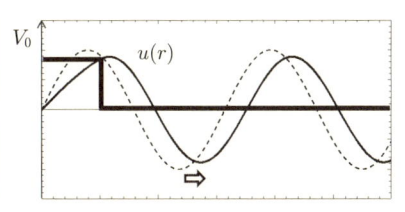　　図 13.6: $u(r)$ の位相のずれ（斥力）．

例題 25 の発展問題

25-1. $E>0$ の粒子がデルタ関数ポテンシャル $V(r)=\alpha\,\delta(r-a)$ （α,a は正の定数）によって散乱されるとき，位相のずれ $\cot\delta$ を求めよ．

25-2. 球座標を用いると確率流れ密度は

$$\boldsymbol{j} \equiv \frac{i\hbar}{2m}(\Psi\nabla\Psi^* - \Psi^*\nabla\Psi), \quad \nabla \equiv \left(\frac{\partial}{\partial r}, \frac{1}{r}\frac{\partial}{\partial \theta}, \frac{1}{r\sin\theta}\frac{\partial}{\partial \phi}\right)$$

で定義される．波動関数は

$$\Psi_{n\ell m}(\boldsymbol{r}) = N_{n\ell}\, e^{-iEt/\hbar} R_{n\ell}(r) P_\ell^{|m|}(\theta) e^{im\phi}$$

と与えられる．井戸型ポテンシャル (13.18) の場合，正または負のエネルギー E に対し，どのような確率流れが生ずるか計算せよ．

重要度
★★★★★

14 水素原子

―《 内容のまとめ 》―

　水素原子は電荷 $+e$ の陽子とその周りを運動する電荷 $-e$ の電子がクーロン力によって束縛する **2 体系**である．ポテンシャルが中心力の場合，2 体系のシュレディンガー方程式は重心運動の方程式と相対運動の方程式に分離できる．陽子，電子の質量 m_p, m_e を用いて全質量 M と換算質量 (reduced mass) μ を

$$M \equiv m_e + m_p, \quad \mu \equiv \frac{m_p m_e}{m_p + m_e} \tag{14.1}$$

にしたがって定義する．また，重心座標 $\bm{R}$ と相対座標 $\bm{r}$ を

$$\bm{R} = \frac{m_e \bm{r}_e + m_p \bm{r}_p}{M}, \quad \bm{r} = \bm{r}_e - \bm{r}_p \tag{14.2}$$

にしたがって導入する．すると，重心座標，相対座標に関する方程式は

$$-\frac{\hbar^2}{2M}\nabla_{cm}^2 \chi(\bm{R}) = E_{cm}\chi(\bm{R}), \tag{14.3}$$

$$\left[-\frac{\hbar^2}{2\mu}\nabla^2 - \frac{1}{4\pi\varepsilon_0}\frac{e^2}{r}\right]\psi(\bm{r}) = E_r \psi(\bm{r}) \tag{14.4}$$

となる．∇_{cm}, ∇ はそれぞれ $\bm{R}, \bm{r}$ の変数についてのナブラ演算子である．
　クーロンポテンシャル

$$V_c(|\bm{r}_e - \bm{r}_p|) \equiv -\frac{1}{4\pi\varepsilon_0}\frac{e^2}{|\bm{r}_e - \bm{r}_p|} = -\frac{1}{4\pi\varepsilon_0}\frac{e^2}{r} \tag{14.5}$$

を代入して方程式を解けば，エネルギー準位が以下のように決定できる．

$$E_n = -\left(\frac{e^2}{4\pi\varepsilon_0}\right)^2 \frac{m}{2\hbar^2} \cdot \frac{1}{n^2} \tag{14.6}$$

ここで，$n = 1, 2, 3, \cdots$ は**主量子数** (principle quantum number) と呼ばれる．

例題 26　重心運動と相対運動の分離

陽子の座標 r_p, 電子の座標 r_e を用いると水素原子のハミルトニアンは

$$H = \frac{p_e^2}{2m_e} + \frac{p_p^2}{2m_p} + V_c(|r_e - r_p|) \tag{14.7}$$

である．以下の問に答えよ．

(a) 重心座標，相対座標を用いて変数分離し，式 (14.3), (14.4) を導け．
(b) 重心座標の解を決定せよ．

考え方

変数変換により全ハミルトニアンを重心，相対座標で表す．続いて変数分離を行い，二つの微分方程式を導く．

解答

(a) 式 (14.2) を逆に解くと

$$r_e = R + \frac{m_p r}{m_e + m_p}, \quad r_p = R - \frac{m_e r}{m_e + m_p}$$

となる．微分を重心，相対座標で表す．式 (14.2) より

$$\nabla_e = \frac{\partial R}{\partial r_e}\nabla_{cm} + \frac{\partial r}{\partial r_e}\nabla = \frac{m_e}{M}\nabla_{cm} + \nabla,$$

$$\nabla_p = \frac{\partial R}{\partial r_p}\nabla_{cm} + \frac{\partial r}{\partial r_p}\nabla = \frac{m_p}{M}\nabla_{cm} - \nabla.$$

これらをハミルトニアン (14.7) に代入すると

$$H = -\frac{\hbar^2}{2M}\nabla_{cm}^2 - \frac{\hbar^2}{2}\left(\frac{1}{m_e} + \frac{1}{m_p}\right)\nabla^2 + V_c(r)$$

となる．

ここで，換算質量を

$$\frac{1}{\mu} \equiv \frac{1}{m_p} + \frac{1}{m_e}, \quad \mu = \frac{m_p m_e}{m_p + m_e} \tag{14.8}$$

として定義すれば，ハミルトニアンは

ワンポイント解説

- $\dfrac{\partial R}{\partial r_e}$ などの記号は，ベクトルをベクトルで微分しているわけではなく，成分同士の偏微分を省略して表現している．

$$H = -\frac{\hbar^2}{2M}\nabla_{cm}^2 - \frac{\hbar^2}{2\mu}\nabla^2 - \frac{1}{4\pi\varepsilon_0}\frac{e^2}{|r|} \quad (14.9)$$

と，重心部分と相対部分の和で表される．

2体系の波動関数を $\Psi(\boldsymbol{r}_e, \boldsymbol{r}_p) = \chi(\boldsymbol{R})\psi(\boldsymbol{r})$ と変数分離するとシュレディンガー方程式は

$$\left(-\frac{\hbar^2}{2M}\nabla_{cm}^2 - \frac{\hbar^2}{2\mu}\nabla^2 - \frac{1}{4\pi\varepsilon_0}\frac{e^2}{|r|}\right)[\chi(\boldsymbol{R})\psi(\boldsymbol{r})]$$
$$= E\chi(\boldsymbol{R})\psi(\boldsymbol{r})$$

となる．両辺を $\chi\psi$ で割り，r と R を左辺，χ を右辺にまとめて変数分離を実行すれば

$$-\frac{\hbar^2}{2M}\nabla_{cm}^2 \chi(\boldsymbol{R}) = E_{cm}\chi(\boldsymbol{R}), \quad (14.10)$$

$$\left[-\frac{\hbar^2}{2\mu}\nabla^2 - \frac{1}{4\pi\varepsilon_0}\frac{e^2}{r}\right]\psi(\boldsymbol{r}) = E_r \psi(\boldsymbol{r}) \quad (14.11)$$

が得られる．ここで $E = E_{cm} + E_r$ である．

(b) 重心座標については自由粒子の方程式なので，重心運動量を $\boldsymbol{P}$ と書けば

$$\chi(\boldsymbol{R}) = \exp\left[i\frac{\boldsymbol{P}\cdot\boldsymbol{R}}{\hbar}\right], \quad E_{cm} = \frac{P^2}{2M} \quad (14.12)$$

となる．

- 重心座標を導入することで，2体問題は「自由な重心運動＋クーロン力の1体問題」に帰着する．一般にポテンシャルが相対距離にのみ依存する場合は，重心運動は必ず自由粒子運動になる．

- 通常，水素原子のエネルギーと呼ぶのは E_r のことである．以降の計算では，E_r を改めて E と書くことにする．

例題26の発展問題

26-1. 重心運動量 $\boldsymbol{P}_{CM}$ と相対運動量 $\boldsymbol{p}$ を，電子，陽子の運動量 $\boldsymbol{p}_e, \boldsymbol{p}_p$ を用いて表せ．また，陽子，電子の位置，運動量の間には，それぞれ

$$[r_e^i, p_e^j] = i\hbar\delta_{ij}, \quad [r_p^i, p_p^j] = i\hbar\delta_{ij} \quad (i,j = x,y,z)$$

の関係が成り立つことを用いて，交換関係 $[r_{cm}^i, P_{cm}^j]$ および $[r^i, p^j]$ を計算せよ．また，結果の意味することを説明せよ．

例題 27　水素原子のエネルギー

クーロンポテンシャルの場合に相対座標のシュレディンガー方程式 (14.4) を解いてエネルギー準位を求めたい.
(a) 級数展開の方法を用いて, エネルギー準位を求めよ.
(b) 2 階の常微分方程式

$$x\frac{d^2v}{dx^2} + (p+1-x)\frac{dv}{dx} + (q-p)v = 0 \tag{14.13}$$

の解は, $q-p$ が正の整数の場合にラゲール陪多項式 $L_{q-p}^p(x)$ になることが知られている. $L_{q-p}^p(x)$ を用いて水素原子の波動関数を表せ.

考え方

(a) では 1 次元調和振動子で用いた「無次元化→漸近解の分離→級数展開」を使い, 級数が発散してはならないという条件からエネルギー準位が定まる. (b) は特殊関数を用いる典型的な問題である. シュレディンガー方程式を無次元化して比較する.

‖解答‖

(a) 陽子の質量は電子の約 2000 倍重いため, 式 (14.1) の換算質量は

$$\mu = \frac{m_e m_p}{m_e + m_p} \simeq \frac{m_e m_p}{m_p} = m_e \tag{14.14}$$

と, 電子の質量に等しいと考えてよい. 以下では電子の質量を m と書くことにする.

式 (13.4) にならって, $R(r) = u(r)/r$ となる $u(r)$ を導入すると,

$$\left[-\frac{\hbar^2}{2m}\frac{d^2}{dr^2} + \frac{\ell(\ell+1)\hbar^2}{2mr^2} - \frac{e^2}{4\pi\varepsilon_0}\frac{1}{r}\right]u = Eu \tag{14.15}$$

となる. $V(r \to \infty) \to 0$ なので束縛状態が存在す

ワンポイント解説

・二つの粒子の質量が近いときは, 換算質量は重要である. 例えば, 電子と電子の 2 体系では換算質量は $\mu = m_e/2$.

・無限遠方でのポテンシャルの値 V_∞ よりも, エネルギー E が小さければ束縛する. 例題 10 参照.

るためには $E < 0$ でなければならない．

無次元化を行うために $\kappa \equiv \dfrac{\sqrt{-2mE}}{\hbar}$ を定義し，$\rho \equiv \kappa r$ を導入する．式 (14.15) の両辺を $-E$ で割ることで

$$\frac{d^2 u(\rho)}{d\rho^2} = \left[1 - \frac{\rho_0}{\rho} + \frac{\ell(\ell+1)}{\rho^2}\right] u(\rho) \quad (14.16)$$

が得られる．ここで $\rho_0 \equiv me^2/(2\pi\varepsilon_0 \hbar^2 \kappa)$ である．

次に $r \to 0$ および $r \to \infty$ での $u(r)$ の漸近解を求める．$\rho \to 0$ では右辺の第 3 項のみが残るので，

$$\frac{d^2 u(\rho)}{d\rho^2} = \frac{\ell(\ell+1)}{\rho^2} u(\rho) \quad (14.17)$$

となる．$u \sim \rho^k$ とおいて代入すると，$k = \ell+1, -\ell$ となる．原点で有限な解は $u(\rho) = \rho^{\ell+1}$ である．

一方，$\rho \to \infty$ では右辺の第 1 項のみが残り

$$\frac{d^2 u(\rho)}{d\rho^2} = u(\rho) \quad (14.18)$$

となる．この方程式の解は容易に決定され，$u(\rho) \sim e^{\pm\rho}$ となる．このうち $\rho \to \infty$ で発散しない解は $u = \exp[-\rho]$ である．

最終的に，漸近解で表せない部分を $v(\rho)$ と書き，

$$u(\rho) = \rho^{\ell+1} \cdot e^{-\rho} \cdot v(\rho) \quad (14.19)$$

と仮定する．これを式 (14.16) に代入し，$v(\rho)$ に対する方程式を求めると

$$\rho \frac{d^2 v}{d\rho^2} + 2(\ell+1-\rho) \frac{dv}{d\rho}$$
$$+ [\rho_0 - 2(\ell+1)] v = 0 \quad (14.20)$$

が得られる．

$v(\rho)$ に対しては級数展開を仮定して

・変数 ρ は無次元である．無次元化の方法については，調和振動子の章を参照すること．

・漸近解を分離する．ここでは $r \to \infty$, $r \to 0$ の両方の形を調べている．ただし $r \to 0$ での振る舞いは，遠心力ポテンシャルのときにすでに求めてある．

・ここの計算は面倒だが $u(\rho)$ の 1 階微分，2 階微分を順番に計算して，代入するしかない．

$$v(\rho) = \sum_{j=0}^{\infty} c_j \rho^j \qquad (14.21)$$

を式 (14.20) に代入し，整理すると，漸化式

$$c_{j+1} = \frac{2j + 2\ell + 2 - \rho_0}{(j+1)\{2(\ell+1) + j\}} c_j \qquad (14.22)$$

が得られる．

この級数は j が大きくなると $c_{j+1} \sim 2c_j/(j+1)$ と振る舞うので，近似的に

$$v(\rho) \sim \sum_{j=0}^{\infty} \frac{2^j}{j!} \rho^j \sim \exp[2\rho]$$

と表せる．式 (14.19) の $u(\rho)$ に戻すと

$$u(\rho) \sim e^{-\rho} e^{2\rho} \sim e^{\rho}$$

となり，$\rho \to \infty$ で発散してしまう．

この発散が生じないためには級数 (14.22) が無限に続かず，j についてある最大値が存在し，それ以降の級数が 0 になればよい．

その最大値を n_r と書くと，n_r が

$$2n_r + 2\ell + 2 - \rho_0 = 0 \qquad (14.23)$$

を満たせば，c_{n_r+1} 以降の数列はすべて 0 になり，級数は発散しない．そこで新たに

$$n \equiv n_r + \ell + 1 \qquad (14.24)$$

を定義し，**主量子数**と呼ぶ．$n_r = 0, 1, 2, \cdots$，$\ell = 0, 1, 2, \cdots$ なので，$n = 1, 2, 3, \cdots$ である．また，n_r を**動径量子数** (radial quantum number) と呼び，ℓ は方位量子数である．

・次数 j がそろっていない項については，次数をずらす．例えば式 (14.20) 第 1 項は式 (14.21) を代入してから $j-1 \to j$ としよう．詳細は 1 次元調和振動子の例題 17 を参照．

→「発散する」→「級数を途中で打ち切る条件を考える」という筋道も，1 次元調和振動子のときと同じである．この方法は汎用性が高い．

→ 動径量子数 n_r は動径波動関数の 0 点の数に対応している．エネルギーが磁気量子数に依存しないのは物理系の回転対称性のためである．

(14.23) の条件式 $2n - \rho_0 = 0$ をエネルギー E について解くと

$$E_n = -\left(\frac{e^2}{4\pi\varepsilon_0}\right)^2 \frac{m}{2\hbar^2} \cdot \frac{1}{n^2} \quad (14.25)$$

が得られる．

また，

$$\frac{\sqrt{-2mE}}{\hbar} = \left(\frac{me^2}{4\pi\varepsilon_0\hbar^2}\right)\frac{1}{n}$$

となるので，無次元化した変数 ρ は

$$\rho = r/(a_0 n), \quad a_0 \equiv \left(\frac{4\pi\varepsilon_0\hbar^2}{me^2}\right) \quad (14.26)$$

と表せる．ここで，a_0 は水素原子の典型的な長さを表す量でボーア半径と呼ばれる．具体的に数値を代入すると $a_0 = 0.53 \times 10^{-10}$ m である．

(b) 式 (14.13) と式 (14.20) を比べると

$$z = 2\rho, \quad p = 2\ell + 1, \quad q = \frac{\rho_0}{2} + \ell \quad (14.27)$$

であれば両者は一致する．式 (14.23) を用いると

$$q - p = \frac{\rho_0}{2} - (\ell + 1) \quad (14.28)$$

となる．有限な解を持つ条件は $q - p$ が正の整数になることなので，これを $n_r = 0, 1, 2, \cdots$ と書く．主量子数と動径量子数の関係を思い出せば

$$q - p = \frac{\rho_0}{2} - (\ell + 1) = n - \ell - 1 \quad (14.29)$$

と書ける．この条件は式 (14.23) と等価であり，水素原子のエネルギーを再導出できた．

また，以上の対応関係から

$$v(\rho) = L_{n-\ell-1}^{2\ell+1}(2\rho) \quad (14.30)$$

・$E_n = -\dfrac{e^2}{4\pi\varepsilon_0}\dfrac{1}{a_0}\dfrac{1}{2n^2}$
とも書ける．

・クーロン力の係数は $\dfrac{e^2}{4\pi\varepsilon_0} = \dfrac{\hbar^2}{a_0 m}$
とも表せる．

・元のシュレディンガー方程式でなく，$r \to \infty$ の漸近解を分離した後の方程式と比較すること．

となる．規格化定数を $N_{n\ell}$ とすると，動径波動関数は

$$R_{n\ell}(r) = N_{n\ell}\, \rho^\ell\, e^{-\rho} L_{n-\ell-1}^{2\ell+1}(2\rho) \qquad (14.31)$$

と表せる．

規格化積分を公式を用いて実行すると，

$$N_{n,\ell} = a_0^{-\frac{3}{2}} \left(\frac{2}{n}\right)^{\frac{3}{2}} \left[\frac{(n-\ell-1)!}{2n\{(n+\ell)!\}^3}\right]^{\frac{1}{2}} \qquad (14.32)$$

と定まる．

・特殊関数については公式集を参照．

例題 27 の発展問題

27-1. 3次元調和振動子ポテンシャル

$$V(r) = \frac{1}{2}m\omega^2 r^2 \qquad (14.33)$$

に対するシュレディンガー方程式を球座標で解き，級数展開法を用いてエネルギー準位が

$$E = \left(2n_r + \ell + \frac{3}{2}\right)\hbar\omega \qquad (14.34)$$

となることを示せ．ただし，$n_r = 0, 1, 2, \cdots$ は動径量子数，$\ell = 0, 1, 2, \cdots$ は方位量子数である．

27-2. 前問の3次元調和振動子ポテンシャルで，級数展開を用いずラゲール陪多項式を用いて解を求めよ．（ヒント：前問で漸近解を分離した後の方程式で，$x = \rho^2$ の変数を導入する．）

例題 28　水素原子の波動関数

動径波動関数は主量子数 n と方位量子数 ℓ を用いて，$R_{n\ell}(r)$ と表す．一方，角度部分の解である球面調和関数は方位量子数と磁気量子数 m を用いて $Y_{\ell m}(\theta, \phi)$ と表すので，水素原子の波動関数は

$$\psi_{n\ell m}(\boldsymbol{r}) = R_{n\ell}(r) Y_{\ell m}(\theta, \phi), \tag{14.35}$$

$$R_{n\ell}(r) = \rho^\ell e^{-\rho} \sum_{j=0}^{n-\ell-1} c_j \rho^j, \quad \rho = \frac{r}{n a_0} \tag{14.36}$$

と定まる．規格化積分は以下の通りである．

$$\int_0^\infty r^2 dr \int_0^\pi \sin\theta d\theta \int_0^{2\pi} d\phi\, \psi_{n'\ell'm'}^*(r,\theta,\phi)\, \psi_{n\ell m}(r,\theta,\phi) = \delta_{n'n}\delta_{\ell'\ell}\delta_{m'm}$$

(a) 式 (14.22) を用い，規格化された基底状態の動径波動関数 $R_{10}(r)$ を決定せよ．
(b) 第 1 励起状態の規格化された波動関数を決定せよ．
(c) 基底状態の波動関数を用いて運動エネルギーの期待値 $\langle T \rangle$ とポテンシャルエネルギーの期待値 $\langle V(r) \rangle$ を計算し，

$$2\langle T \rangle = -\langle V \rangle \tag{14.37}$$

が成り立つことを示せ．

考え方

数列を計算し波動関数を決定する．分光学の呼び方から，$\ell = 0$ を s 状態，$\ell = 1, 2, 3, \cdots$ の状態は $p, d, f, \cdots$ 状態と分類されている．これと主量子数 n を組み合わせて，状態を $1s, 2s, 2p$ などのように呼ぶ．（波動関数の概形は例題 29 の図 15.2 に記載した）基底状態は $1s$ 状態で，そのエネルギーを数値で表すと

$$E_1 = -\left(\frac{e^2}{4\pi\varepsilon_0}\right)^2 \frac{m}{2\hbar^2} \doteqdot -13.6\,\text{eV} \tag{14.38}$$

である．この値を水素原子の第 1 イオン化エネルギーと呼ぶ．
また，期待値の計算は標準的な問題だが，得られる結果はビリアル定理

(Virial) と呼ばれる関係式の特殊な場合である．

一般に，運動エネルギー T とポテンシャルエネルギー V の期待値の間には

$$\langle T \rangle = \frac{1}{2} \langle \bm{r} \cdot \nabla V \rangle \tag{14.39}$$

の関係が成り立つことをビリアル定理という．

特に，ポテンシャルが中心力で，$V(r) \propto r^n$ の場合には

$$\langle T \rangle = \frac{n}{2} \langle V(r) \rangle \tag{14.40}$$

が成り立つ．

‖解答‖

(a) 基底状態 $n=1$ $(n_r=0, \ell=0)$ のとき

$v(\rho)$ の級数は初項 c_0 のみである．$\rho = r/(a_0 n) = r/a_0$ を用いて，波動関数は

$$R_{10}(r) = c_0 \exp[-r/a_0], \quad Y_{00} = \frac{1}{\sqrt{4\pi}} \tag{14.41}$$

となる．

c_0 は規格化から決定できる．

$$\int_0^\infty r^2 R_{10}(r) dr = |c_0|^2 \int_0^\infty r^2 e^{-2r/a_0} dr$$
$$= |c_0|^2 \left(\frac{a_0}{2}\right)^3 2! = 1$$

から $c_0 = \sqrt{4/a_0^3}$ である．したがって

$$\psi_{100}(r, \theta, \phi) = \sqrt{\frac{1}{\pi a_0^3}} \exp[-r/a_0] \tag{14.42}$$

が得られた．

(b) 第1励起状態

$n=2$ の状態には $n_r=1, \ell=0$ と $n_r=0, \ell=1$ の状態が縮退している．ともにエネルギーは

ワンポイント解説

・公式
$$\int_0^\infty r^n \exp[-kr] dr$$
$$= \frac{n!}{k^{n+1}}$$

を用いる．詳しくは Appendix を見よ．

$$E_2 = -\left(\frac{e^2}{4\pi\varepsilon_0}\right)^2 \frac{m}{2\hbar^2} \cdot \frac{1}{2^2} \doteqdot -3.4\,\text{eV} \quad (14.43)$$

である．

$n_r = 1$, $\ell = 0$ の場合は式 (14.22) を用いて c_1 を決める．

$$c_1 = \frac{2 \cdot 0 + 2 - \rho_0}{(0+1)\{2(0+1)+0\}} c_0 = \frac{-2}{2} c_0 = -c_0.$$

$n = 2$ の場合は $\rho = r/(2a_0)$ なので，動径波動関数は

$$\begin{aligned} R_{20}(r) &= c_0(1-\rho)\exp[-\rho] \\ &= c_0\left(1 - \frac{r}{2a_0}\right)\exp\left[-\frac{r}{2a_0}\right] \end{aligned} \quad (14.44)$$

・$2s$ 状態と呼ばれる．

となる．規格化積分から定数 $c_0 = \sqrt{1/2a_0^3}$ である．また，角度部分については $\ell = 0$ の Y_{00} である．

一方，$n_r = 0$, $\ell = 1$ の場合は (14.36) から

$$R_{21}(r) = c_0 \frac{r}{2a_0} \exp[-r/(2a_0)] \quad (14.45)$$

・こちらが $2p$ 状態と呼ばれる．

となる．角度部分は Y_{1m} で，$m = \pm 1, 0$ の三つの状態がさらに縮退している．

(c) ポテンシャルエネルギーの期待値は

$$\begin{aligned} \int d^3r\, \psi_{100}^* V_c(r) \psi_{100} &= -\frac{e^2}{4\pi\varepsilon_0} \frac{4\pi}{\pi a_0^3} \int_0^\infty dr\, r e^{-2r/a_0} \\ &= -\frac{e^2}{4\pi\varepsilon_0} \frac{1}{a_0}. \end{aligned}$$

一方，運動エネルギーの期待値は微分を実行してから積分をすればよい．基底状態についてはやさしい計算になる．

$$\int d^3 r\, \psi_{100}^* \left(-\frac{\hbar^2}{2m} \left(\frac{d^2}{dr^2} + \frac{2}{r}\frac{d}{dr} \right) \right) \psi_{100}$$
$$= \frac{-\hbar^2}{2m} \frac{1}{\pi a_0^3} 4\pi \int_0^\infty r^2 \left(\frac{1}{a_0^2} - \frac{2}{a_0 r} \right) e^{-2r/a_0}\, dr$$
$$= \frac{e^2}{4\pi\varepsilon_0} \frac{1}{2a_0}.$$

・ $\dfrac{e^2}{4\pi\varepsilon_0} = \dfrac{\hbar^2}{a_0 m}$ が成り立つ．式 (14.26) を見よ．

よって，ビリアルの定理は成り立つ．

例題 28 の発展問題

28-1. 水素原子の基底状態の波動関数 ψ_{100} を用いて以下の問に答えよ．
  (1) 確率密度分布を $(\rho(r) = 4\pi r^2 |\psi|^2$ で定義すると，$\rho(r)$ が最大になる r を a で表せ．（$\rho(r)$ と無次元変数 ρ を混同しないように．）
  (2) 期待値 $\langle r \rangle, \langle r^2 \rangle$ を計算し，不確定さ（標準偏差）Δr を計算せよ．

28-2. 第 1 励起状態 $(n=2)$ には $2s\,(n=2, \ell=0)$，$2p\,(n=2, \ell=1)$ の二つの状態が縮退しているが，確率分布は大きく異なる．以下の問に答えよ．
  (1) $2s$ 波動関数 (14.44)，$2p$ 波動関数 (14.45) の規格化定数 c_0 を決定せよ．
  (2) それぞれの平均 2 乗半径 $\sqrt{\langle r^2 \rangle}$ を計算せよ．
  (3) $2s, 2p$ それぞれの場合について確率密度分布を図示し，その値が最大になる r を決定せよ．(2) の結果と比較し，大小関係について議論せよ．

28-3. 水素原子の波動関数が定常状態の線形結合
$$\Psi = \frac{1}{\sqrt{10}} [2\psi_{1,0,0} + \psi_{2,1,1} - 2\psi_{2,1,0} + \psi_{2,1,-1}]$$
で表されている．この状態のエネルギー期待値を求めよ．また角運動量の大きさ 2 乗 $\boldsymbol{L}^2$ の期待値を求めよ．

15 原子の構造

重要度 ★★

――《 内容のまとめ 》――

原子番号 Z の原子は $+Ze$ の電荷を持つ原子核のまわりを Z 個の電子が運動している物理系である．電子どうしの反発力を無視する近似では，原子核に束縛された電子の 1 個のエネルギーは，

$$E_n = -\frac{1}{2}\left(\frac{Ze^2}{4\pi\varepsilon_0}\right)^2 \frac{m}{\hbar^2} \frac{1}{n^2} = (-13.6[\mathrm{eV}]) \times \frac{Z^2}{n^2} \quad (n=1,2,3,\cdots) \quad (15.1)$$

と与えられる．ここでは水素原子の解 (14.6) に $e^2 \to Ze^2$ の置き換えを施している．最も簡単な近似では，式 (15.1) の準位に Z 個の電子を配置したものを原子と考える．

電子の配置を考える場合，次の三つの規則を考慮する．

1. **1 つのエネルギー準位（状態）には，1 個の電子しか配置できない**．これをパウリの排他原理あるいはパウリ禁制という．
2. 電子はスピン (spin) という内部自由度を持っており，スピン上向き，下向きという二つの区別しうる状態がある．
3. 基底状態ではエネルギーの低い準位から順番に配置される．

一般にスピン 1/2（上向き，下向き）の自由度を持つ粒子をフェルミ粒子[1]と呼ぶ．フェルミ粒子はパウリの排他原理にしたがう．

式 (15.1) のエネルギー準位は主量子数 n のみに依存するので，$n = n_r + \ell + 1$ を満たす異なる方位量子数 ℓ の状態が同じエネルギーに縮退している．このような縮退が原子の構造を考える上で重要である．

---

[1] これに対し，ボーズ粒子と呼ばれる仲間も存在する．ボーズ粒子は同じ状態に何個でも配置することができる．

水素原子の解を一般の原子番号 Z の原子に適用するのはおのずと限界がある．Z 個の電子が存在する場合，多くの電子の間に働くクーロン斥力の効果は無視できず，原子のエネルギー準位は図 15.1 とは異なってくる．その効果の大きさは各順位の波動関数の振る舞いに依存しており，一般に ℓ の大きな状態の方が電子どうしの斥力の効果を受けやすい．

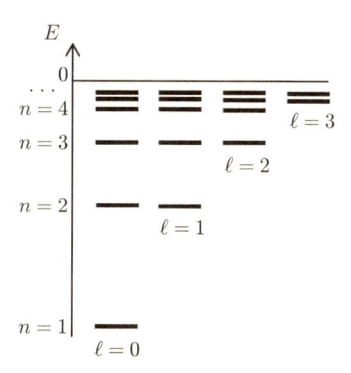

図 15.1: 水素原子のエネルギー準位．

その違いを見るため，第 2 励起状態までの水素原子の波動関数を図 15.2 に示した．s 状態のみが原点で値を持つ．波動関数が r 軸と交差する回数は，動径量子数 $n_r = n - \ell - 1$ に等しい．発展問題 29-4 を参照のこと．

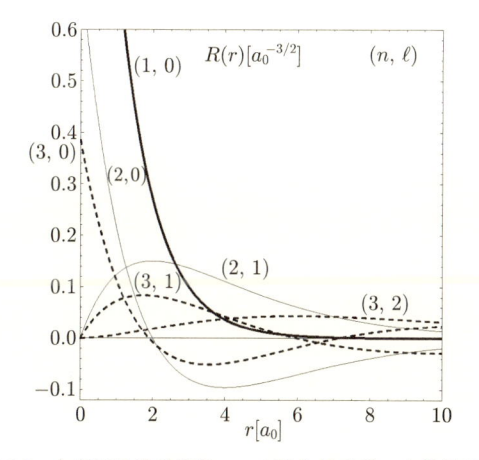

図 15.2: 水素原子波動関数．n, l は主量子数，方位量子数．

例題29 原子のエネルギー準位

(a) 主量子数 n のエネルギー準位に，縮退している状態の数（縮退度という）はいくつか．

(b) スピン自由度も考慮して，原子核の周りの軌道に電子を配置した場合，電子の個数が2個，8個，28個などのときに安定になることを説明せよ．

考え方

一つの方位量子数 ℓ に対し，磁気量子数 m は $-\ell \leq m \leq \ell$ なので，$2\ell+1$ 重に縮退している．またエネルギーは主量子数 n にのみ依存するので，$n = n_r + \ell + 1$ を満たす ℓ をすべて考える．

解答

(a) $n = n_r + \ell + 1$ より，ℓ は 0 から $n-1$ まで変化する整数と考えられる．一つの ℓ につき $2\ell+1$ 重に縮退するので

$$\sum_{\ell=0}^{n-1}(2\ell+1) = 2\frac{n(n-1)}{2} + n = n^2 \quad (15.2)$$

となる．

(b) $n = 1$ の状態は $1^2 = 1$ 個の電子で埋まるが，スピン上下の違いを考慮すると2個の電子を入れることができる．

$n = 2$ の状態に入れる電子の個数はスピンの違いも考慮すると $2^2 \times 2 = 8$ である．したがって，$n = 2$ までの準位が完全に電子で埋まった場合は $2+8=10$ 個の電子が入る．

完全に軌道が埋まった状態は極めて安定で，化学反応を起こしにくい．そのような元素は不活性ガスの仲間と考えられる．電子が2個の原子はヘリ

ワンポイント解説

・公式 $\sum_{k=1}^{n} 1 = n$,

$\sum_{k=1}^{n} k = \frac{1}{2}n(n+1)$.

ウム，電子が 10 個の原子はネオンに対応し，確かに不活性ガスに属している．

$n = 3$ の軌道の縮退度は $2 \times 3^2 = 18$ である．したがって，$n = 3$ までの軌道が完全に埋まった場合には，合計で電子数 28 個となる．しかし，ネオンの次の不活性ガスは電子数 18 のアルゴンなので，再現できない．

この不一致は電子どうしの反発力を無視したことが原因である．電子間の反発力を考慮するとアルゴンの安定性は説明できることが知られている．

・電子が多く存在すると他の電子に邪魔されるため，中央にある原子核の電荷が Ze よりも少なくなったように見える．これを遮蔽効果という．

例題 29 の発展問題

29-1. 3 辺が a の 3 次元立方体（無限井戸型ポテンシャル）の中に質量 m の電子を閉じ込めたときのエネルギー準位を求めよ．その上で，第 2 励起状態まで埋まるように電子を配置したとき，何個入るか計算せよ．電子のスピンは考慮すること．

29-2. 3 次元調和振動子を球座標で解いた場合のエネルギー準位は

$$E = \left(2n_r + \ell + \frac{3}{2}\right)\hbar\omega$$

と与えられる．ただし，動径量子数 n_r，方位量子数 ℓ はそれぞれ $0, 1, 2, \cdots$ の値をとる．この系に電子を配置するとき，電子の数が 2 個，8 個，20 個のときは安定であることを説明せよ．ただし，電子のスピンは考慮すること．

29-3. 式 (15.1) を用いてヘリウム原子の基底状態のエネルギーを eV 単位で計算せよ．実験値 -79 eV と比較し，違いが生じる理由を説明せよ．

29-4. 水素原子の動径波動関数を図示すると，図 15.2 となる．この図を用いて，$\ell = 0$ の状態は遮蔽効果を受けにくく，よって相対的により強く束縛されることを説明せよ．

16 磁場中のシュレディンガー方程式

《 内容のまとめ 》

　水素原子のような物理系に外から静電場が作用した場合，正負の電荷に引力や斥力が働いて系が分極を起こすことは想像できるであろう．一方，磁場 B が作用した場合は，荷電粒子の回転運動が古典的な磁気モーメントと同じ役割を果たし，力が生じる．電荷 e，質量 M の粒子が角運動量 L で運動する場合，磁気モーメント $\boldsymbol{\mu}$ は

$$\boldsymbol{\mu} \equiv \frac{e}{2M}\boldsymbol{L} \tag{16.1}$$

と与えられ，磁場との相互作用ポテンシャル

$$H = -\boldsymbol{\mu}\cdot\boldsymbol{B} \tag{16.2}$$

が生じる．したがって，磁場が z 方向の場合，作用するポテンシャルは角運動量の z 成分の大きさ $m\hbar$ に比例する．m が磁気量子数と呼ばれるのはそのためである．

　シュレディンガー方程式で磁場を扱うには，以下のような置き換えを行う．

$$\boldsymbol{p} \to \boldsymbol{p} - e\boldsymbol{A}(\boldsymbol{r}), \quad E \to E - e\phi(\boldsymbol{r}). \tag{16.3}$$

これをミニマルの原理 (minimal) と呼ぶ．ここで $\boldsymbol{A}$ はベクトルポテンシャル，$\phi(\boldsymbol{r})$ はスカラーポテンシャルである．

例題 30　一様磁場中の水素原子

質量 M, 電荷 e の粒子が中心力ポテンシャル $V(r)$ と, 一様な磁場 $\boldsymbol{B} = (0, 0, B)$ (B は定数) を受けて運動する.

(a) B を定数としてベクトルポテンシャルを

$$\boldsymbol{A}(\boldsymbol{r}) = \frac{1}{2} \boldsymbol{B} \times \boldsymbol{r} = \left(-\frac{B}{2} y, \frac{B}{2} x, 0 \right) \tag{16.4}$$

と選ぶと, z 方向の一様磁場 $\boldsymbol{B}$ を表すことを示せ.

(b) ハミルトニアン $H = \dfrac{\boldsymbol{p}^2}{2m} + V(r)$ に対してミニマルの原理を用い, $\boldsymbol{A}$ の 2 次以上の項が無視できる場合

$$H = \frac{\boldsymbol{p}^2}{2M} + V(r) - \boldsymbol{\mu} \cdot \boldsymbol{B} \tag{16.5}$$

が導けることを示せ. (磁気モーメントは式 (16.1) に定義されている.) ただし, クーロンゲージ固定条件 $\nabla \cdot \boldsymbol{A} = 0$ を用いよ.

(c) 中心力 $V(r)$ のみの場合のエネルギーが $E^{(0)}$ であるとき, 磁場 B の存在によってエネルギーがどのように変化するか計算せよ.

考え方

ミニマルの原理で運動量を置き換え計算を行う. 運動量は微分演算子になるので, 普通の数のように順番を入れ替えてはならないことに注意せよ.

解答　　　　　　　　　　　　　　　　ワンポイント解説

(a) 式 (16.4) を磁場の定義式 $\boldsymbol{B} = \nabla \times \boldsymbol{A}$ に代入する.
B の x 成分は

$$B_x = \frac{\partial}{\partial y} A_z - \frac{\partial}{\partial z} A_y = \frac{1}{2} \left(0 - \frac{\partial}{\partial z} \frac{B}{2} x \right) = 0$$

になる. y 成分も同様である. 最後に z 成分は

$$B_z = \frac{1}{2} \left(\frac{\partial}{\partial x} \frac{B x}{2} - \frac{\partial}{\partial y} \frac{(-B y)}{2} \right) = B$$

となり, 一様な磁場が得られた.

(b) ミニマルの原理により運動量を置き換える．作用する相手をはっきりさせるため，ψ を書いて計算すると，運動量の2乗は

$$\boldsymbol{p}^2\psi \to (\boldsymbol{p}-e\boldsymbol{A})(\boldsymbol{p}-e\boldsymbol{A})\psi$$
$$= \boldsymbol{p}^2\psi - e\boldsymbol{p}\cdot(\boldsymbol{A}\psi) - e\boldsymbol{A}\cdot(\boldsymbol{p}\psi) + e^2\boldsymbol{A}\cdot\boldsymbol{A}\psi$$
$$\approx \boldsymbol{p}^2\psi - e(\boldsymbol{p}\cdot\boldsymbol{A})\psi - 2e\boldsymbol{A}\cdot(\boldsymbol{p}\psi) \tag{16.6}$$

となる．最後の変形で $\boldsymbol{A}$ の2次以上を無視した．

電磁場に対してはゲージ変換の任意性があるので，クーロンゲージ固定条件 $\boldsymbol{p}\cdot\boldsymbol{A} = -i\hbar\nabla\cdot\boldsymbol{A} = 0$ を要請する．この条件と式 (16.4) を式 (16.6) に代入すると

$$\boldsymbol{p}^2 - e\boldsymbol{B}\times\boldsymbol{r}\cdot\boldsymbol{p} = \boldsymbol{p}^2 - e\boldsymbol{B}\cdot\boldsymbol{r}\times\boldsymbol{p}$$
$$= \boldsymbol{p}^2 - e\boldsymbol{B}\cdot\boldsymbol{L} \tag{16.7}$$

となる．

以上をハミルトニアンに代入すると

$$H = \frac{\boldsymbol{p}^2}{2M} + V(r) - \frac{e}{2M}\boldsymbol{L}\cdot\boldsymbol{B} \tag{16.8}$$

となり，第3項目が磁気モーメント $\boldsymbol{\mu}$ の磁場との相互作用 (16.2) になる．**量子力学では磁気モーメントも演算子化されることに注意せよ．**

(c) 中心力のみが存在する系の波動関数は

$$\left[\frac{\boldsymbol{p}^2}{2M} + V(r)\right]\psi_{n\ell m}(\boldsymbol{r}) = E^{(0)}\psi_{n\ell m}(\boldsymbol{r}),$$
$$\psi_{n\ell m}(\boldsymbol{r}) = R_{n\ell}(r)Y_{\ell m}(\theta,\phi)$$

と書ける．

磁場を z 方向に作用させるとシュレディンガー方程式は

・演算子は後ろに働く相手を書いてから計算を進める！ $\boldsymbol{p}\cdot(\boldsymbol{A}\psi)$ では，運動量演算子は後ろにある $\boldsymbol{A}$ にも ψ にも作用する．( ) を付けて働く相手をはっきりさせる．

・ベクトルの三重積 (box product) は，ベクトルの順番を変えなければ，外積・内積の位置を入れ替えても答えは変わらない．

・$E^{(0)}$ は水素原子のエネルギーである．

$$\left[\frac{\bm{p}^2}{2M} + V(r) - \frac{e}{2M}L_z B\right]\psi_{n\ell m}(\bm{r}) = E\psi_{n\ell m}(\bm{r})$$

と修正される．ここで角運動量演算子の z 成分は

$$L_z Y_{\ell m}(\theta, \phi) = m\hbar Y_{\ell m}(\theta, \phi)$$

にしたがう．

・式 (12.12) の固有値方程式である．

以上の関係式から，エネルギー固有値 E は $E^{(0)}$ を用いて

$$E = E^{(0)} - \frac{e\hbar B}{2M}m \quad (-\ell \leq m \leq \ell) \tag{16.9}$$

となる．磁場がない場合は $E^{(0)}$ に縮退していた $2\ell+1$ 個の状態が，磁場によって磁気量子数 m に比例した補正を受けて分岐することを意味する．この現象を正常ゼーマン効果という．また一般に，縮退していた状況が解消されることを，縮退が解けるという．

この結果を見ると，なぜ m のことを磁気量子数と呼ぶのかわかるであろう．磁場をかけたときに，エネルギーは量子数 m によって指定される．

例題 30 の発展問題

30-1. 例題中で無視した $\bm{A}^2$ の項に式 (16.4) を代入して計算すると，$x^2 + y^2$ に比例するポテンシャルが得られることを示せ．この結果は磁場に垂直な平面では 2 次元調和振動子になっていることを示している．

30-2. 一様な磁場を生じるベクトルポテンシャルとして

$$\bm{A} = (0, Bx, 0)$$

と選ぶことも可能である．ミニマルの原理を用いて，このベクトルポテンシャルの下でシュレディンガー方程式を導き，そのエネルギー準位を決定せよ．その方程式の解はランダウ (Landau) レベルとして知られている．

重要度
★★

A　Appendix

―――――《参考書》―――――

　現在では，ディラックやシッフといった古典的なものをはじめ多くの量子力学の教科書が存在しているが，その中で本書の助けになる教科書をいくつか挙げておく．本書は計算を丁寧に追いかけることにより量子力学を基礎から理解することを目指している．比較的多くの例題を扱っていて，本書との接続がわかりやすい教科書としては

- 猪木慶治，川合光，『量子力学 I, II（KS 物理専門書）』，講談社，1944.
- D. J. Griffiths, *Introduction to Quantum Mechanics*, Pearson, 2004.
- Nouredine Zettile, *Quantum Mechanics*, Wiley, 2009.

などがある．いずれも量子力学の大部分の領域をカバーした教科書である．
　基礎的な点について丁寧な解説を加えた教科書として，

- 前野昌弘，『よくわかる量子力学』，東京図書，2011.

量子力学の基礎・本質について詳しく記述したものとして，

- 清水明，『新版　量子論の基礎』，サイエンス社，2004.

を挙げておく．
　また，本書で触れていない角運動量の代数については，フロー式物理演習シリーズの

- 岡本良治，『スピンと角運動量』，共立出版，近日刊.

で詳しく取り上げられている．

《 関数の規格完全直交関係 》

一般に複素数の関数の組（関数系と呼ぶ）$\phi_n(x)(n=1,2,3,\cdots)$ が規格直交関係

$$\int \phi_m^*(x)\phi_n(x)\,dx = \delta_{m,n} \tag{A.1}$$

および完全性

$$\sum_n \phi_n^*(x')\phi_n(x) = \delta(x'-x) \tag{A.2}$$

の関係を満たすとする．この場合，同じ定義域を持つ任意の関数 $f(x)$ は $\phi_n(x)$ を用いて

$$f(x) = \sum_n c_n \phi_n(x) \tag{A.3}$$

と展開することが可能である．その理由を以下に示す．

展開可能であるためには，一意的に展開係数 c_n が決定できなければならない．(A.3) の両辺に $\phi_m^*(x)$ をかけて積分すれば，(A.1) の関係から

$$c_m = \int \phi_m^*(x)f(x)\,dx \tag{A.4}$$

となる．よって c_n は決定可能である．

しかし，(A.4) は c_n が決定するだけで，展開 (A.3) が可能であることを保証しているわけではない．この展開が十分であるなら，c_m を (A.3) に代入した場合に元の関数 $f(x)$ に戻るはずである．このとき必要なのが完全性条件である．(A.4) を (A.3) に代入し，完全性 (A.2) を用いると

$$f(x) = \sum_n \left(\int \phi_n^*(x')f(x')\,dx' \right) \phi_n(x)$$
$$= \int \delta(x-x')f(x')\,dx' = f(x)$$

となり，$f(x)$ に戻ることが分かる．

《 積分公式 》

A. ガウス積分

$\exp[-x^2]$ を含む無限区間の積分を総称してガウス積分という．

$$I \equiv \int_{-\infty}^{\infty} e^{-x^2} \, dx \tag{A.5}$$

を定義し，その2乗 I^2 を考える．

$$I^2 = \int_{-\infty}^{\infty} e^{-x^2} \, dx \int_{-\infty}^{\infty} e^{-y^2} \, dy = \int_{0}^{\infty} r \, dr \int_{0}^{2\pi} e^{-r^2} \, d\theta. \tag{A.6}$$

最後の等号では2乗の積分を2次元平面での積分と解釈し，極座標 r, θ に変数変換している．その際，$x^2 + y^2 = r^2$ およびヤコビアン $dxdy = rdrd\theta$ を用いた．

θ の積分は容易に実行可能で，r の積分は $r^2 = u, 2rdr = du$ とおけば

$$\int_{0}^{\infty} r \, dr \, e^{-r^2} = \frac{1}{2} \int_{0}^{\infty} du \, e^{-u} = \frac{1}{2} \tag{A.7}$$

となる．したがって

$$I^2 = \frac{1}{2} 2\pi = \pi \quad \therefore \ I = \sqrt{\pi} \tag{A.8}$$

が得られる．

一般には，正の実数 a に対して

$$\int_{-\infty}^{\infty} e^{-ax^2} \, dx = \sqrt{\frac{\pi}{a}}, \qquad \int_{-\infty}^{\infty} x^2 \, e^{-ax^2} \, dx = \frac{1}{2} \sqrt{\frac{\pi}{a^3}} \tag{A.9}$$

が成り立つ．2番目の公式は最初の公式の両辺を a で微分すると導ける．一般に第1の公式の両辺を n 回微分すると，x^{2n} を含んだ公式が導出可能である．

B. 水素原子の動径波動関数の積分

$$\int_{0}^{\infty} r^n \exp[-kr] dr = \frac{n!}{k^{n+1}} \tag{A.10}$$

(初等積分 $\int_{0}^{\infty} \exp[-kr] dr = \frac{1}{k}$ の両辺を k で n 回微分すると導ける．)

重要度
★

B 発展問題の解答

紙面の都合上，詳解および『略』としている問題の解答については web（共立出版の本書のページ）に掲載しますので，そちらを参照してください：
http://www.kyoritsu-pub.co.jp/bookdetail/9784320035188

1-1. 波動関数 (1.7), (1.8) を用いる．Ψ が偶関数なので，$\langle x \rangle = 0$，また
$$\langle x^2 \rangle = \sqrt{\frac{2a}{\pi}} \int_{-\infty}^{\infty} e^{-ax^2} x^2 e^{-ax^2} dx = \sqrt{\frac{2a}{\pi}} \frac{1}{2} \frac{1}{2a} \sqrt{\frac{\pi}{2a}} = \frac{1}{4a}.$$

1-2. 例題から $\Delta p = \sqrt{\hbar^2 a - 0} = \hbar\sqrt{a}$．また前問より，$\Delta x = 1/\sqrt{4a}$．よって不確定さの積は $\Delta x \cdot \Delta p = \hbar/2$．

2-1. $[\hat{p}^2, \hat{p}] = 0$, $[\hat{p}^2, x] = \hat{p}[\hat{p}, x] + [\hat{p}, x]\hat{p} = -2i\hbar\hat{p}$．公式より $[\hat{p}^2, x^2] = \hat{p}[\hat{p}, x]x + x\hat{p}[\hat{p}, x] + x[\hat{p}, x]\hat{p} + [\hat{p}, x]\hat{p}x = -2i\hbar(\hat{p}x - x\hat{p}) = -2\hbar^2.$

2-2. 交換しないのは同じ成分の座標と運動量だけなので，その項だけ残す．
$$[L_x, L_y] = [yp_z - zp_y, zp_x - xp_z] = [yp_z, zp_x] + [zp_y, xp_z]$$
$$= yp_x[p_z, z] + p_y x[z, p_z] = -i\hbar yp_x + i\hbar xp_y = i\hbar L_z.$$

3-1. 連続の方程式の両辺を x で積分すると，第 2 項目は実行可能で
$$\frac{\partial}{\partial t} \int_{-\infty}^{\infty} |\Psi^2| dx + \frac{\hbar}{2im} \left[\Psi^* \frac{\partial}{\partial x} \Psi - \frac{\partial \Psi^*}{\partial x} \Psi \right]_{-\infty}^{\infty} = 0$$
となる．$x \to \pm\infty$ で波動関数が 0 ならば，第 2 項目は 0 になる．$\int_{-\infty}^{\infty} |\Psi^2| dx$ の時間微分は 0 になり，時間によらない一定の数である．
（注意：3 次元の場合には連続の方程式の積分は

$$\frac{\partial}{\partial t}\int_{-\infty}^{\infty}|\Psi^2(\boldsymbol{r})|d^3r + \frac{\hbar}{2im}\int d^3r\,\nabla\cdot(\Psi^*\nabla\Psi - \nabla\Psi^*\Psi) = 0$$

から出発する．第2項目でベクトル解析のガウスの定理を用いて

$$\int d^3r\,\nabla\cdot(\Psi^*\nabla\Psi - \nabla\Psi^*\Psi) = \int_s(\Psi^*\nabla\Psi - \nabla\Psi^*\Psi)\cdot\boldsymbol{n}ds$$

と書ける．ここで，ds は無限遠での表面の積分で $\boldsymbol{n}$ は表面に垂直な単位ベクトルである．無限遠での波動関数が 0 の場合，確率は保存する．)

3-2. 例題と同様に計算すると，ポテンシャルが実数でないため

$$\Psi^*V\Psi - \Psi^*V^*\Psi = 2i\Gamma|\Psi|^2$$

という項が連続の方程式に残ってしまう．この項を含めて微分方程式を解けば，確率が減少する解を得られる．

4-1. 例題と同様にシュレディンガー方程式 $i\hbar\partial\Psi/\partial t = (-\hbar^2/2m)\partial^2\Psi/\partial x^2 + V\Psi$ とその複素共役を代入して期待値を計算する．

$$\begin{aligned}
\frac{d\langle p\rangle}{dt} &= \int_{-\infty}^{\infty}dx\frac{\partial}{\partial t}\left(\Psi^*\left(-i\hbar\frac{\partial}{\partial x}\right)\Psi\right) = -i\hbar\int_{-\infty}^{\infty}dx\left(\frac{\partial\Psi^*}{\partial t}\frac{\partial\Psi}{\partial x} + \Psi^*\frac{\partial}{\partial x}\frac{\partial\Psi}{\partial t}\right)\\
&= \int_{-\infty}^{\infty}dx\left[\left(-\frac{\hbar^2}{2m}\frac{\partial^2\Psi^*}{\partial x^2} + V\Psi^*\right)\frac{\partial\Psi}{\partial x} - \Psi^*\frac{\partial}{\partial x}\left(-\frac{\hbar^2}{2m}\frac{\partial^2\Psi}{\partial x^2} + V\Psi\right)\right]\\
&= \int_{-\infty}^{\infty}dx\left[-\frac{\hbar^2}{2m}\left(\frac{\partial^2\Psi^*}{\partial x^2}\frac{\partial\Psi}{\partial x} - \Psi^*\frac{\partial^3\Psi}{\partial x^3}\right) - \Psi^*\frac{\partial V}{\partial x}\Psi\right] = -\left\langle\frac{\partial V}{\partial x}\right\rangle.
\end{aligned}$$

最後の等式では第1項に部分積分を2回施し，Ψ が無限遠方で 0 になることを用いた．

4-2. 略．

5-1. 基底状態（実線），第1励起状態（太い点線），第2励起状態（細い点線）を図示した．左図が波動関数，右図が確率密度分布 $\rho(x) = |\psi(x)|^2$.

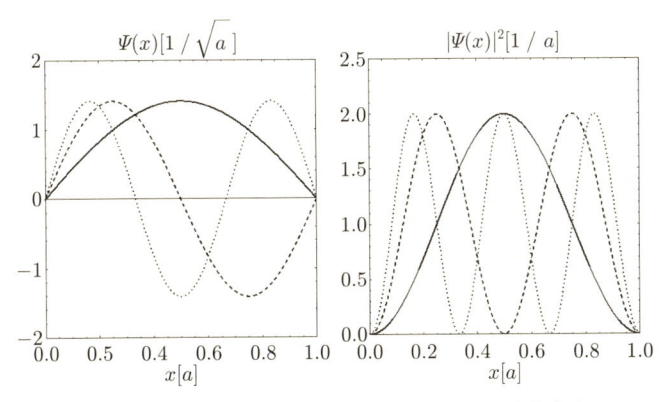

図 B.1: 無限井戸型ポテンシャルの波動関数と確率密度.

5-2. 古典力学では，粒子は壁によってはね返される往復運動をくり返す．ポテンシャル内では自由粒子なので密度分布は一様になり，規格性から $\rho_{cl} = 1/a$ となる．一方，量子力学では確率密度は波のように濃淡があるが，$n \to \infty$ の極限では非常に激しく振動し，近似的に $\rho(x)$ が一定の関数とみなせる．この場合，密度分布は古典的予想に類似している．

6-1.
$$\langle x^2 \rangle = \frac{2}{a} \int_0^a \sin^2 \frac{n\pi x}{a} x^2 dx$$
$$= \frac{1}{a} \int_0^a \left(1 - \cos \frac{2n\pi x}{a}\right) x^2 dx = \frac{a^2}{3} - \frac{a^2}{2n^2\pi^2}.$$

6-2. 運動量演算子を波動関数に 2 回作用させればよい．例題 6(b) の $\langle p^2 \rangle$ の計算とまったく同じである．

6-3. 波動関数を代入すると

$$\sum_{n=1}^{\infty} \frac{2}{a} \sin \frac{n\pi x}{a} \sin \frac{n\pi x'}{a} = \frac{1}{a} \sum_{n=1}^{\infty} \left\{ \cos \frac{n\pi(x-x')}{a} - \cos \frac{n\pi(x+x')}{a} \right\}$$
$$= \frac{1}{a} \left(\frac{1}{2} + \sum_{n=1}^{\infty} \cos \frac{n\pi(x-x')}{a} \right) - \frac{1}{a} \left(\frac{1}{2} + \sum_{n=1}^{\infty} \cos \frac{n\pi(x+x')}{a} \right)$$
$$= \delta(x-x') - \delta(x+x').$$

最後の変形ではディリクレ核の関係式と，公式 $\delta(cx) = \delta(x)/|c|$ を用い

た．今，x, x' はともに正なので，第 2 項は常に 0 である．よって無限井戸型ポテンシャルの波動関数は完全性の関係式を満たす．

6-4. 略．

7-1. (3.14) の絶対値 2 乗をとって積分すると

$$\int_0^a |\Psi(x,t)|^2 dx = \int_0^a \sum_{n=1}^\infty c_n^* \psi_n^*(x) e^{iE_n t/\hbar} \sum_{m=1}^\infty c_m \psi_m(x) e^{-iE_m t/\hbar} dx$$

$$= \int_0^a \sum_{n=1}^\infty \sum_{m=1}^\infty c_n^* c_m \delta_{n,m} e^{iE_n t/\hbar} e^{-iE_m t/\hbar} dx = \sum_{n=1}^\infty |c_n|^2.$$

2 番目の等式では，規格直交関係より $n = m$ のときにのみ値を持つので和の記号が一つになる．（この関係式はパーセバルの定理と呼ばれる．）$\langle H \rangle$ の場合は H 演算子を作用させてから同様の積分をする．

7-2. 初期条件を完全系で展開し，両辺に ψ_m をかけて積分する．

$$\int_0^a \psi_m(x) \phi_0(x)\, dx = \int_0^a \sum_{n=1}^\infty c_n\, \psi_m(x)\, \psi_n(x)\, dx.$$

左辺は

$$\int_0^{a/2} \sqrt{\frac{2}{a}} \sin \frac{m\pi x}{a} \cdot \sqrt{\frac{2}{a}}\, dx = \frac{2}{m\pi}\left(1 - \cos \frac{m\pi}{2}\right)$$

となり，右辺は直交性から c_m である．時間 t における波動関数は

$$\Psi(x,t) = \sqrt{\frac{2}{a}} \sum_{n=1}^\infty \frac{2}{n\pi}\left(1 - \cos \frac{n\pi}{2}\right) \sin \frac{n\pi}{a} x\, e^{-iE_n t/\hbar}$$

である．基底状態に存在する確率は $|c_1|^2$ である．

7-3. 基底状態，第 1 励起状態単独での運動量の期待値は，例題 6 の結果から 0 であり，平均としては運動していない．混合状態では

$$\langle p \rangle = \frac{1}{a} \int_0^a \left(\sin \frac{\pi x}{a} e^{\frac{iE_1 t}{\hbar}} + \sin \frac{2\pi x}{a} e^{\frac{iE_2 t}{\hbar}}\right)$$

$$\times \left(-i\hbar \frac{d}{dx}\right)\left(\sin \frac{\pi x}{a} e^{-\frac{iE_1 t}{\hbar}} + \sin \frac{2\pi x}{a} e^{-\frac{iE_2 t}{\hbar}}\right) = \frac{8\hbar}{a} \frac{\sin[3E_1 t/\hbar]}{3}$$

となる．（$E_2 = 4E_1$ を用いた．）混同状態では，二つの固有状態の間を移り変わる運動をしており，運動量は 0 ではない．この運動はポテンシャル内の古典力学的運動と類似なものである．

7-4. 略．

7-5. 幅が a の場合の基底状態の波動関数は $\phi_0(x) = \sqrt{2/a}\sin(\pi x/a)$ である．一方，新しい系の任意の状態は固有状態の重ね合わせで

$$\Psi(x,t) = \sum_n c_n \psi'_n(x) e^{-iE'_n t/\hbar}, \qquad \psi'_n(x) = \sqrt{\frac{1}{2a}}\sin\left(\frac{n\pi}{2a}x\right)$$

と書ける．急激にポテンシャルの幅が変化したことは，Ψ に対して $t=0$ で初期状態 $\phi_0(x)$ が与えられたと解釈できる．係数の計算方法は例題と同じであるが，幅が異なるので積分領域に注意して（ϕ_0 の方は $a < x < 2a$ の領域では 0 である），c_1 を計算すると

$$c_1 = \int_0^a dx \sqrt{\frac{1}{a}}\sin\left(\frac{\pi}{2a}x\right)\sqrt{\frac{2}{a}}\sin\left(\frac{\pi}{a}x\right) + \int_a^{2a} dx \sqrt{\frac{1}{a}}\sin\left(\frac{\pi}{2a}x\right) \times 0$$
$$= \frac{4\sqrt{2}}{3\pi}.$$

新しい状態の基底状態で発見される確率は $32/(9\pi^2)$ である．

8-1. $x < 0$ ではポテンシャルが 0 なので，シュレディンガー方程式を解くと $\psi(x) = Ae^{-p'x/\hbar} + Be^{p'x/\hbar}$, $p' = \sqrt{2m(-E)}$ である．$x \to -\infty$ で発散しない条件から $A = 0$ である．

同様に，$x > 0$ では $\psi(x) = De^{-qx/\hbar}$, $q = \sqrt{2m(V_0 - E)}$ である．

境界 $x = 0$ での連続条件から $B = D$ である．また，微分の連続条件は，デルタ関数ポテンシャルによる不連続性を考慮して $-qD/\hbar - p'B/\hbar = -2gD$ である．したがって，$q + p' = 2g\hbar$ が成り立つ．また，p', q の定義より $q^2 - p'^2 = 2mV_0$ が成り立つ．これらの 2 式を解くと，$E = -\dfrac{\hbar^2 g^2}{2m}\left(1 - \dfrac{mV_0}{2g^2\hbar^2}\right)^2$ である．

8-2. シュレディンガー方程式は

$$-\frac{\hbar^2}{2m}\frac{d^2}{dx^2}\psi(x) - g\frac{\hbar^2}{m}\{\delta(x-a) + \delta(x+a)\}\psi(x) = E\psi(x)$$

である．領域に分けて解を求めると，$x < -a$ では
$$\psi(x) = Ae^{kx} + Be^{-kx}, \quad k = \frac{\sqrt{2m(-E)}}{\hbar}$$
となる．ただし，$x \to -\infty$ で発散してはならないので $B = 0$ である．

同様に，$-a < x < a$ では $\psi(x) = Ce^{kx} + De^{-kx}$ である．また，$x > a$ では無限遠方で発散してはならないことも考慮して $\psi(x) = Ge^{-kx}$ である．

$x = -a, a$ での連続条件から
$$Ae^{-ka} = Ce^{-ka} + De^{ka}, \quad Ge^{-ka} = Ce^{ka} + De^{-ka}$$
が成り立つ．また微分についてはデルタ関数ポテンシャルにより不連続となるので，
$$k(Ce^{-ka} - De^{ka}) - kAe^{-ka} = -2gAe^{-ka},$$
$$-kGe^{-ka} - k(Ce^{ka} - De^{-ka}) = -2gGe^{-ka}$$
が成り立つ．

これらの方程式から A, G を消去すると，二つの方程式
$$\begin{pmatrix} -2ge^{-ka} & (2k-2g)e^{ka} \\ (2k-2g)e^{ka} & -2ge^{-ka} \end{pmatrix} \begin{pmatrix} C \\ D \end{pmatrix} = \begin{pmatrix} 0 \\ 0 \end{pmatrix}$$
にまとめることができる．この方程式が $C = D = 0$ でない解を持つには，行列式が 0 でなければならない．よって
$$(2ge^{-ka})^2 - ((2k-2g)e^{ka})^2 = 0$$
である．この方程式の解は $k - g > 0$ ならば $g/(k-g) = e^{2ka}$ となり，$k - g < 0$ ならば $g/(g-k) = e^{2ka}$ となる．これらがエネルギーを決定するための方程式となる．前者の解は，例題のデルタ関数が一つの場合の束縛よりも強い束縛エネルギーになる．逆に後者は弱い束縛になる．

9-1. 略．

9-2. (1) 転置して複素共役をとると元に戻ることを確かめる．(2) 固有値は

$\lambda = \pm 1$，固有ベクトルは $(\pm i, 1)^t/\sqrt{2}$．(3) 略．(4) 完全性の条件は

$$\frac{1}{\sqrt{2}^2}\begin{pmatrix} i \\ 1 \end{pmatrix}\begin{pmatrix} -i & 1 \end{pmatrix} + \frac{1}{\sqrt{2}^2}\begin{pmatrix} -i \\ 1 \end{pmatrix}\begin{pmatrix} i & 1 \end{pmatrix} = \begin{pmatrix} 1 & 0 \\ 0 & 1 \end{pmatrix}.$$

9-3. ψ_2' と ψ_1 を直交するように選ぶので，

$$\int dx (c_1 \psi_1^* + c_2 \psi_2^*)\psi_1 = c_1 + c_2 \int \psi_2^* \psi_1 \, dx = 0$$

が条件式である．また，ψ_2' の規格化条件から

$$\int |c_1 \psi_1 + c_2 \psi_2|^2 dx = 1$$

の条件を課すことにより，c_1, c_2 が決定できる．さらに縮退がある場合は，ψ_1 と ψ_2' に直交するように次の状態を定める．

10-1. 図 6.3 左図で交点を一つ持ち，右図では交点が一つもない場合を考えればよい．すなわち，

$$0 < \frac{\sqrt{2ma^2 V_0}}{\hbar} < \frac{\pi}{2}$$

である．

10-2. $V_0 \to \infty$ の極限をとると $k \to \infty$ である．すると case I, case II の条件は，$\tan \ell a, \cot \ell a$ が発散する条件となるので，$\ell a = \pi/2 \times n$ である．この条件は無限井戸型のと同じエネルギーを導く（ただし，ポテンシャルの幅が 2 倍になっている）．また $k \to \infty$ なので，$|x| > a$ での波動関数は常に 0 になっている．

10-3. 例題の有限井戸型ポテンシャル全体を $-V_0$ シフトさせて考える．すると固有値を求める条件式は

$$\sqrt{\frac{2m(-E)}{\hbar^2}} = p\tan(pa), \quad p = \sqrt{\frac{2m(E+V_0)}{\hbar^2}}$$

となる．ただし，$E < 0$ で $V_0 > 0$ である（$E < 0$ でなければ束縛されない）．この式に $2aV_0 = \alpha$ の条件を代入し，α は一定で $a \to 0$ の極限操作を行うと

$$p = \sqrt{\frac{2m(E+\frac{\alpha}{2a})}{\hbar^2}} \to \sqrt{\frac{m\alpha}{\hbar^2 a}}$$

となる．また $\tan(pa) \sim pa$ となることも用いると，最初の条件式から

$$\sqrt{\frac{2m(-E)}{\hbar^2}} = \left(\sqrt{\frac{m\alpha}{\hbar^2 a}}\right)^2 a, \quad E = -\frac{m\alpha^2}{2\hbar^2}$$

となり，例題 8 のデルタ関数のエネルギーに一致した．

10-4. 有限井戸型では波動関数がポテンシャルの幅よりも外側にしみだすことが可能になる．その結果，波動関数が広がる領域が増加するので，不確定性関係から運動量の大きさは減少する．エネルギーは運動量の 2 乗に比例するので，有限井戸型の方がエネルギーの励起は低く抑えられる．

10-5. 束縛状態においてシュレディンガー方程式 $H\psi_n = E_n \psi_n$ が成り立っているとする．今，エネルギーを連続的に微小にずらし，$E_n \to E_n + \delta E$ になる場合を考え，そのとき波動関数が $\psi_n \to \psi_n + \delta\psi$ になったとする．この場合でもシュレディンガー方程式は成り立つので，

$$H(\psi_n + \delta\psi) = (E_n + \delta E)(\psi_n + \delta\psi)$$

である．2 次以上の微小量を無視すると

$$H\delta\psi = \delta E_n \psi_n + E_n \delta\psi$$

である．左側から ψ_n^* をかけて積分すると

$$\int \psi_n^* H \delta\psi \, dx = \delta E_n \int \psi_n^* \psi_n \, dx + E_n \int \psi_n^* \delta\psi \, dx.$$

ここで H はエルミート演算子だから，右側に作用させても左側に作用させても良いので

$$E_n \int \psi_n^* \delta\psi \, dx = \delta E_n \int |\psi_n|^2 \, dx + E_n \int \psi_n^* \delta\psi \, dx$$
$$\therefore \delta E_n \int |\psi_n|^2 \, dx = 0$$

が成り立つ．この問題は束縛状態を考えているので，波動関数は規格化可能である．つまり積分 $\int |\psi_n|^2 \, dx$ は有限値である．したがって $\delta E = 0$ となり，エネルギーは離散的になる．

10-6. 略．

11-1. $E > V_1$．

11-2. $E > 0$．

11-3. 図 6.6 のポテンシャルに対する波動関数の方が，より右側（x の正側）に寄って分布し，$x > a$ の領域にしみだす分も多い．

12-1. 期待値を計算すると

$$\langle x \rangle = \frac{1}{L} \int_0^L e^{-ip_n x/\hbar} x e^{ip_n x/\hbar} dx = \frac{L}{2},$$
$$\langle x^2 \rangle = \frac{1}{L} \int_0^L e^{-ip_n x/\hbar} x^2 e^{ip_n x/\hbar} dx = \frac{L^2}{3}.$$

よって $\Delta x = \sqrt{L^2/3 - L^2/4} = L/(2\sqrt{3})$ である．$L \to \infty$ の極限では Δx は無限大になる．

13-1. 水素原子中の電子のおおよその運動量を p とすると $rp \sim \hbar$ である．これをエネルギーに代入すると $E = \hbar^2/(2mr^2) - e^2/(4\pi\varepsilon_0 r)$ である．極小となる条件は

$$\frac{dE}{dr} = -\frac{\hbar^2}{mr^3} + \frac{e^2}{4\pi\varepsilon_0} \frac{1}{r^2} = 0, \quad r = \frac{4\pi\varepsilon_0 \hbar^2}{me^2}.$$

よって $E = -\dfrac{me^4}{2(4\pi\varepsilon_0)^2 \hbar^2}$ である．

13-2. 電子，陽子の質量を m, M，それぞれの運動量を p, P と書く．それぞれの束縛エネルギーは，オーダーとして運動エネルギー程度なので

$$\frac{p^2}{2m} : \frac{P^2}{2M} \sim 1 : 10^6$$

である．$M \sim 2000m$ なので，$p^2 : P^2 \sim 1 : 10^9$ である．一方，不確定

性関係から運動量は半径に反比例するはずである．したがって，原子の半径は原子核の半径の 10^4 倍程度大きい．

14-1. エルミート演算子 A, B に対し $A' = A - \langle A \rangle$, $B' = B - \langle B \rangle$ を導入し，$\Omega = A' + i\lambda B'$ を定義する（λ は実数）．よって

$$\Omega^\dagger \Omega = A'^2 + \lambda^2 B'^2 + i\lambda [A', B']$$

である．ここで

$$([A, B])^\dagger = (AB - BA)^\dagger = BA - AB = [B, A] = -[A, B]$$

であるから，新たにエルミート演算子 C を導入すると $[A', B'] = [A, B] = iC$ と表せる．

両辺の期待値をとると $\langle \Omega^\dagger \Omega \rangle = \langle A'^2 \rangle + \lambda^2 \langle B'^2 \rangle - \lambda \langle C \rangle$ となるが，左辺は必ず正なので右辺も正である．右辺を λ の2次関数とみると，右辺が必ず正になる条件は（2次方程式の判別式から）$\langle C \rangle^2 - 4 \langle A'^2 \rangle \langle B'^2 \rangle \leq 0$ である．ここで $\langle A'^2 \rangle = \Delta A^2$, $\langle B'^2 \rangle = \Delta B^2$ なので，

$$\Delta A^2 \Delta B^2 \geq \left(\frac{\langle [A, B] \rangle}{2i} \right)^2$$

が成り立つ．

14-2. $P\psi(x) = c\psi(-x)$ の両辺にもう一度 P を作用させる．P^2 は2回空間を反転する操作なので何も変化しない．一方右辺は $c^2 \psi(x)$ となる．よって $1 = c^2$ となり，$c = \pm 1$ 以外にありえない．

14-3. x^2, p^2 も空間反転を行っても符号が変化しないので，パリティ演算子の固有状態である．実際に，表 10.1 の調和振動子の波動関数は，パリティ $+, -$ の状態が交互に繰り返している．

15-1. x の負領域から正の方向に向け入射させると，$x < 0$ での波動関数は

$$\psi(x) = A e^{ikx} + B e^{-ikx}, \qquad k = \sqrt{2mE}/\hbar$$

である．一方，$x > 0$ の領域では負の方向に向かう波は条件から存在しないので $\psi(x) = C e^{ikx}$ と書ける．$x = 0$ での連続条件から $A + B = C$ である．また微分の連続条件は，デルタ関数を考慮して，

$$ik(C - A + B) = -\frac{2m\alpha}{\hbar^2}C$$

が成り立つ．二つの関係式から B を消去すると，透過率が計算できる．

$$T = \frac{|C|^2}{|A|^2} = \frac{1}{1 + (m\alpha^2/2\hbar^2 E)}.$$

同様に反射率は $R = 1/\{1 + (2\hbar^2 E/m\alpha^2)\}$ である．このポテンシャルでは，$E \to \infty$ で完全透過が起こる．

15-2. 式 (9.17) で $\sin \kappa a = 0$ になれば $T = 1$ になり完全透過である．この条件は無限井戸型ポテンシャルのエネルギーを求める条件式と全く同じである．

16-1. 略．

17-1. 式 (10.13) に，式 (10.15) の条件 $2n - \varepsilon + 1 = 0$ を代入すると，

$$a_{j+2} = \frac{2j - 2n}{(j+2)(j+1)} a_j$$

となる．量子数 n は $n = 0, 1, 2, \cdots$ である．

第 1 励起状態は奇数列の初項なので $\psi_1 = a_1 \xi e^{-\xi^2/2}$. a_1 は規格化積分より決定される．

第 2 励起状態は偶数列で $n = 2$ の場合である．係数は $a_2 = -2a_0$ かつ $a_j = 0\, (j \geq 4)$ となる．よって

$$\psi_2 = (a_0 + a_2 \xi^2) e^{-\xi^2/2} = a_0(1 - 2\xi^2) e^{-\xi^2/2}$$

である．以上で a_1, a_0 は規格化により，表 10.1 のように定まる．

17-2. 基底状態の波動関数を用いて期待値を計算する．ポテンシャルは

$$\langle V \rangle = \frac{1}{x_0 \sqrt{\pi}} \int_{-\infty}^{\infty} dx\, e^{-\xi^2/2} \frac{m\omega^2 x^2}{2} e^{-\xi^2/2}$$
$$= \frac{1}{\sqrt{\pi}} \frac{\hbar\omega}{2} \int_{-\infty}^{\infty} d\xi\, \xi^2 e^{-\xi^2} = \frac{1}{4} \hbar\omega.$$

ここではガウス積分の公式を用いた．

運動エネルギーについては

$$\langle K \rangle = \frac{1}{x_0\sqrt{\pi}} \int_{-\infty}^{\infty} dx\, e^{-\xi^2/2} \frac{-\hbar^2}{2m} \frac{d^2}{dx^2} e^{-\xi^2/2} = -\frac{\hbar\omega}{2\sqrt{\pi}} \int_{-\infty}^{\infty} d\xi\, e^{-\xi^2/2} \frac{d^2}{d\xi^2} e^{-\xi^2/2}$$

$$= -\frac{\hbar\omega}{2\sqrt{\pi}} \int_{-\infty}^{\infty} d\xi\, e^{-\xi^2/2}(-1+\xi^2) e^{-\xi^2/2} = -\frac{\hbar\omega}{2\sqrt{\pi}}(-\sqrt{\pi} + \frac{1}{2}\sqrt{\pi}) = \frac{1}{4}\hbar\omega.$$

17-3. 第 1 励起状態の波動関数 $\psi(x) = \frac{1}{(2x_0\sqrt{\pi})^{1/2}} 2\xi e^{-\xi^2/2}$ を用いて計算すると

$$\langle x^2 \rangle = \int_{-\infty}^{\infty} dx\, \psi(x) x^2 \psi(x) = \frac{4x_0^3}{(2x_0\sqrt{\pi})} \int_{-\infty}^{\infty} d\xi\, \xi^4 e^{-\xi^2} = \frac{3}{2} x_0^2,$$

$$\langle p^2 \rangle = \int_{-\infty}^{\infty} dx\, \psi(x) \left(-\hbar^2 \frac{d^2}{dx^2}\right) \psi(x)$$

$$= \frac{-4\hbar^2}{(2x_0\sqrt{\pi}) x_0^1} \int_{-\infty}^{\infty} d\xi\, e^{-\xi^2}(-3\xi^2 + \xi^4)$$

$$= \frac{-4\hbar^2}{(2x_0\sqrt{\pi}) x_0^1} \left(\frac{-3}{2} + \frac{3}{4}\right) \sqrt{\pi} = \frac{3\hbar^2}{2x_0^2}$$

となる．一方，同様な計算から $\langle x \rangle = \langle p \rangle = 0$ なので

$$\Delta x \Delta p = \sqrt{\frac{3}{2} x_0^2} \sqrt{\frac{3\hbar^2}{2x_0^2}} = \frac{3\hbar}{2} \tag{B.1}$$

となる．（不確定性関係が励起状態に拡張された形である．）

18-1. 波動関数

$$\Psi = \frac{1}{\sqrt{2}} \left[\psi_1(x) e^{-iE_1 t\hbar} + \psi_2(x) e^{-iE_2 t\hbar} \right]$$

を用いて期待値を計算する．例題 18(b) の結果を用いると

$$\langle x(t) \rangle = \frac{1}{2} \int_{-\infty}^{\infty} \left(e^{i\omega t} \psi_2(x) x \psi_1(x) + e^{-i\omega t} \psi_1(x) x \psi_2(x) \right) dx$$

$$= \frac{1}{2} (2x_0\sqrt{\pi})^{-1/2} (x_0\sqrt{\pi})^{-1/2} \left(e^{i\omega t} + e^{-i\omega t} \right) \sqrt{\pi} = \frac{1}{\sqrt{2}} x^0 \cos(\omega t).$$

この結果は古典的な単振動と類似している．

18-2. 略．

19-1. 交換関係の公式を用いて

$$[\hat{a}^\dagger \hat{a}, \hat{a}^\dagger] = \hat{a}^\dagger [\hat{a}, \hat{a}^\dagger] + [\hat{a}^\dagger, \hat{a}^\dagger]\hat{a} = \hat{a}^\dagger.$$

この関係を $\hat{a}^\dagger \psi_K$ の固有値方程式に用いる．

$$(\hat{a}^\dagger \hat{a})\hat{a}^\dagger \psi_K = \{\hat{a}^\dagger(\hat{a}^\dagger \hat{a}) + \hat{a}^\dagger\}\psi_K = (K+1)\hat{a}^\dagger \psi_K$$

なので，$\hat{a}^\dagger \psi_K$ の固有値は $(K+1)$ である．

19-2. 基底状態と第1励起状態を考えると，

$$\int dx\, (c_1 \hat{a}^\dagger \psi_0)^\dagger \psi_0 = c_1^* \int dx\, \psi_0^* \hat{a}\, \psi_0 = 0$$

となる．（$\hat{a}\psi_0 = 0$ を用いた．）第2励起状態も同様である．

19-3. $\hat{a}$ は消滅演算子なので $\hat{a}\psi_n = C_n \psi_{n-1}$ と書ける．ここで C_n は定数で，以下でそれを決定したい．この式の両辺を絶対値2乗して積分すると，

$$\int dx\, \psi_n^*(\hat{a}^\dagger \hat{a})\psi_n = |C_n|^2 \int |\psi_{n-1}|^2 dx.$$

ψ_n はそれぞれ規格化されているので，右辺は $|C_n|^2$ である．また，左辺は数演算子の期待値なので $\hat{a}^\dagger \hat{a}\psi_n = n\psi_n$ が成り立つ．よって左辺は n に等しい．したがって，$C_n = \sqrt{n}$ である．$\hat{a}^\dagger$ についての公式も同様に示せる．

19-4. 略．

19-5. ポテンシャルの期待値は

$$\left\langle \frac{1}{2}m\omega^2 x^2 \right\rangle = \left\langle \frac{1}{2}m\omega^2 \frac{\hbar}{2m\omega}(\hat{a}+\hat{a}^\dagger)^2 \right\rangle = \left\langle \frac{\hbar\omega}{4}\left(\hat{a}^2 + (\hat{a}^\dagger)^2 + 2\hat{a}^\dagger\hat{a} + 1\right) \right\rangle$$

である．ここで $[\hat{a}, \hat{a}^\dagger] = 1$ を用いて順番を入れ替えた．それぞれの項の期待値を計算すると，波動関数の直交性から

$$\int dx\, \psi_n^* \hat{a}^\dagger \hat{a}\, \psi_n = n \int dx\, \psi_n^* \psi_n = n,$$

$$\int dx\, \psi_n^* (\hat{a}^\dagger)^2 \psi_n \propto \int dx\, \psi_n^* \psi_{n+2} = 0,$$

$$\int dx\, \psi_n^* \hat{a}^2 \psi_n \propto \int dx\, \psi_n^* \psi_{n-2} = 0$$

となる．よって

$$\left\langle \frac{1}{2}m\omega^2 x^2 \right\rangle = \frac{\hbar\omega}{4}(2n+1) = \frac{\hbar\omega}{2}\left(n+\frac{1}{2}\right).$$

19-6. 略．

21-1. 略．

21-2. $x = r\cos\phi, y = r\sin\phi$ で定義される円柱座標 (r, θ, z) を用いる．$\psi(\mathbf{r}) = F(r, \theta) \cdot G(z)$ と変数分離するとシュレディンガー方程式は

$$-\frac{\hbar^2}{2m}\left(\left\{\frac{\partial^2 F}{\partial r^2} + \frac{1}{r}\frac{\partial F}{\partial r} + \frac{1}{r^2}\frac{\partial^2 F}{\partial \theta^2}\right\}G + F\frac{\partial^2 G}{\partial z^2}\right) + V(z)FG = E \cdot FG$$

である．両辺を FG で割り，移項すると

$$\frac{1}{F}\left[-\frac{\hbar^2}{2m}\left(\frac{\partial^2 F}{\partial r^2} + \frac{1}{r}\frac{\partial F}{\partial r} + \frac{1}{r^2}\frac{\partial^2 F}{\partial \phi^2}\right) - EF\right]$$
$$= \frac{-1}{G}\left[-\frac{\hbar^2}{2m}\frac{\partial^2 G}{\partial z^2} - V_0 e^{-z^2/z_0^2}G\right]$$

異なる変数の関数が常に等しいので，両辺はある一定数に等しい．その数を $-E_z$ とすれば，分離された方程式は

$$-\frac{\hbar^2}{2m}\left(\frac{\partial^2 F}{\partial r^2} + \frac{1}{r}\frac{\partial F}{\partial r} + \frac{1}{r^2}\frac{\partial^2 F}{\partial \phi^2}\right) = (E - E_z)F(r, \theta),$$
$$-\frac{\hbar^2}{2m}\frac{\partial^2 G}{\partial z^2} - V_0 e^{-z^2/z_0^2}G(z) = E_z G(z)$$

となる．$F(r, \theta) = R(r)\Theta(\theta)$ とおいて代入すればさらに変数分離できる．$R(r)$ がしたがう方程式は Bessel の微分方程式になる．

21-3. デカルト座標系で 3 次元調和振動子のシュレディンガー方程式は，

$$-\frac{\hbar^2}{2m}\left(\frac{\partial^2}{\partial x^2} + \frac{\partial^2}{\partial y^2} + \frac{\partial^2}{\partial z^2}\right)\Psi + \frac{1}{2}m\omega^2(x^2 + y^2 + z^2)\Psi = E\Psi$$

である．$\Psi = \psi_x(x)\psi_y(y)\psi_z(z)$ を代入して変数分離を行う．変数 x についての方程式は

$$-\frac{\hbar^2}{2m}\frac{\partial^2 \psi_x(x)}{\partial x^2} + \frac{1}{2}m\omega^2 x^2 \psi_x(x) = E_x \psi_x(x)$$

となる．変数 y, z についても同様で，3 つの方程式のエネルギーの和が元のエネルギー E に等しく，$E = E_x + E_y + E_z$ が成り立つ．それぞ

れの方程式は 1 次元のシュレディンガー方程式なので，すでに求めた 1 次元調和振動子の解を用いて

$$E = \left(n_z + n_y + n_z + \frac{3}{2}\right)\hbar\omega \qquad (n_z, n_y, n_z = 0, 1, 2, \cdots)$$

となる．

22-1. ルジャンドルの微分方程式

$$(1-x^2)\frac{d^2 F}{dx^2} - 2x\frac{dF}{dx} + \ell(\ell+1)F = 0$$

に $F = \sum\limits_{j=0}^{\infty} a_j x^j$ を代入する．

$$(1-x^2)\sum_{j=2}^{\infty} a_j j(j-1)x^{j-2} - 2x\sum_{j=1}^{\infty} a_j j x^{j-1} + \ell(\ell+1)\sum_{j=0}^{\infty} a_j x^j = 0.$$

x^{j-2} の項の添え字を j から $j+2$ にずらすと，恒等式

$$\sum_{j=2}^{\infty} [a_{j+2}(j+2)(j+1) - \{j(j-1) + 2j - \ell(\ell+1)\}a_j]x^j = 0$$

が得られる．よって a_j の満たす漸化式は

$$a_{j+2} = \frac{(j-\ell)(j+\ell+1)}{(j+2)(j+1)}a_j$$

となる．

ここで $x = \pm 1$ の場合を考えるとこの級数は発散してしまうが，物理的な要請から解は有界でなければならない．そこで，j の最大値 $j_{\max}$ が存在し，かつ $j_{\max} - \ell = 0$ を要請すると，$j_{\max}$ 以降の数列がすべて 0 になり解は発散しない．

ここで j は 0 または正の整数なので，この条件は ℓ についても強い制限を与えている．すなわち，この解が発散しないためには，ℓ は負でない整数でなければならない．

22-2. 略．

22-3. もし x, y, z 方向の角運動量の成分が同時に正確に定まるのであれば，$\boldsymbol{L}^2$ の固有値は ℓ^2 であるべきである．しかし，例題 22(c) の結果から

x, y 成分の角運動量は不確定性を持ち，$\Delta L_x = \Delta L_y = \hbar/\sqrt{2}$ である．この不確定性により，ℓ^2 から $\ell(\ell+1)$ にずれると考えられる．実際，例題 22(c) では，角運動量が 1 の状態で $\boldsymbol{L}^2$ の期待値を計算すると，$1\hbar^2$ ではなく，$\langle \boldsymbol{L}^2 \rangle = \langle L_x^2 + L_y^2 + L_z^2 \rangle = \hbar^2 + \hbar^2/2 + \hbar^2/2 = 2\hbar^2$．

22-4. 略．

22-5. 極座標表示 $x = r\sin\theta\cos\phi$ を用いて
$$\frac{x}{r} = \sin\theta\cos\phi = \sin\theta\frac{1}{2}(e^{i\phi} + e^{-i\phi}) = -\sqrt{\frac{2\pi}{3}}Y_{1,1} + \sqrt{\frac{2\pi}{3}}Y_{1,-1}$$
と表せる．y, z 方向の単位ベクトルも同様にできる．

23-1. 略．

23-2. 略．

24-1. 図 13.2 から考えて，$2ma^2V_0/\hbar^2 < \pi^2/4$ であれば一つも解がない．$u(r)$ の満たす方程式は 1 次元の井戸型ポテンシャル同じだが，$u(0) = 0$ の条件のため 1 次元の場合の case II の解のみが現れる．つまり 1 次元の場合の基底状態に対応する解は最初から存在していないので，V_0 の深さによっては束縛しない可能性がある．（別な説明：$u(0) = 0$ のため $u(r)$ の傾きは原点で決して 0 にはならない．そのため，運動エネルギーは常に有限となり V_0 の深さによっては束縛しない．）

24-2. 略．

25-1. 散乱状態を考えるので $E > 0$ である．$r < a$ での波動関数は，シュレディンガー方程式を解いて $u(r) = A\sin kr$, $k = \sqrt{2mE}/\hbar$ である．本来は cos の解も存在するが，$u(0) = 0$ の条件から禁止される．続いて $r > a$ での解は，位相のずれ δ を用いて $u(r) = C\sin(kr + \delta)$ と書く．

$r = a$ での連続条件は
$$A\sin ka = C\sin(ka + \delta),$$
$$kC\cos(ka + \delta) - kA\cos(ka) = \frac{2m\alpha}{\hbar^2}C\sin(ka + \delta).$$

この 2 式を変形して
$$\cot\delta = -\left(\cot(ka) + \frac{\hbar^2 k}{2m\alpha\sin^2(ka)}\right).$$

25-2. 束縛されているときは動径方向の流れは生じないが，角度方向の流れは存在する．散乱状態の場合は，動径方向にも流れが存在する．

26-1. 略．

27-1. 3次元調和振動子を極座標で解く場合には，動径方向の方程式は

$$-\frac{\hbar^2}{2m}\left(\frac{d^2R(r)}{dr^2}+\frac{2}{r}\frac{dR(r)}{dr}\right)+\frac{\ell(\ell+1)\hbar^2}{2mr^2}R(r)+\frac{m\omega^2r^2}{2}R(r)=ER(r)$$

となる．$R(r)=u/r$ を代入すれば

$$-\frac{\hbar^2}{2m}\frac{d^2u(r)}{dr^2}+\frac{\ell(\ell+1)\hbar^2}{2mr^2}u(r)+\frac{m\omega^2r^2}{2}u(r)=Eu(r)$$

である．最初に，1次元の場合と同じように無次元化しよう．$\rho_0=\sqrt{\hbar/m\omega}$，$\rho=r/\rho_0$ を導入すると

$$\frac{d^2u}{d\rho^2}-\frac{\ell(\ell+1)}{\rho^2}u-\rho^2u+\varepsilon u=0, \quad \varepsilon\equiv\frac{2E}{\hbar\omega}.$$

続いて，$r\sim 0$ や $r\to\infty$ での漸近解を調べる．1次元で学んだように，$\rho\to\infty$ では $e^{-\rho^2/2}$．また例題23から $u\sim r^{\ell+1}$ である．そこで $u(\rho)=r^{\ell+1}e^{-\rho^2/2}v(\rho)$ と仮定して代入すると，$v(\rho)$ に対する方程式

$$\frac{d^2v}{d\rho^2}+\left(\frac{2(\ell+1)}{\rho}-2\rho\right)\frac{dv}{d\rho}+(\varepsilon-2\ell-3)v=0$$

が得られる．$v(\rho)$ に対してべき級数展開を仮定して代入すると

$$\sum_{j=2}j(j-1)a_j\rho^{j-2}+(2(\ell+1))\sum_{j=1}ja_j\rho^{j-2}$$
$$-2\sum_{j=1}ja_j\rho^j+(\varepsilon-2\ell-3)\sum_{j=0}a_j\rho^j=0.$$

最初の2つの項の添え字を2ずらすと

$$\sum[\{(j+2)(j+1)+2(j+2)(\ell+1)\}a_{j+2}-\{2j-(\varepsilon-2\ell-3)\}a_j]\rho^j=0,$$
$$a_{j+2}=\frac{2j-(\varepsilon-2\ell-3)}{\{(j+2)(j+1)+2(\ell+1)(j+2)\}}a_j.$$

この級数が無限に続くと $v(\rho)$ は発散する．そこで級数には上限 $j=j_{\max}$ が存在することと，$j=j_{\max}$ のとき $2j_{\max}-(\varepsilon-2\ell-3)=0$ が成

り立つことを要請する．この条件から固有値 $E = \dfrac{\hbar\omega}{2}(2j_{\max} + 2\ell + 3)$ が決定される．

この級数は偶数項と奇数項が別々に存在する（2 つおきの数列）が，級数を代入した式の第 2 項で $j = 1$ のとき $2(\ell + 1)a_1\dfrac{1}{x}$ という項が存在している．この項は $x = 0$ で発散するので，$u(0) = 0$ の条件を満たさない．したがって，$a_1 = 0$ でなければならず奇数項は存在しない．j は偶数のみであることを考慮し，あらためて $n_r = j_{\max}/2$，$n_r = 0, 1, 2, \cdots$ とおいて，

$$E_{n\ell} = \hbar\omega\left(2n_r + \ell + \dfrac{3}{2}\right) \quad (n_r = 0, 1, 2, \cdots, \ell = 0, 1, 2, \cdots)$$

が得られた．

27-2. 略．

28-1. (1) 代入すると $\rho(r) = 4r^2 e^{-2r/a_0}$ である．これを微分して極大値を決定する．$d\rho/dr \sim 2r(-r/a_0 + 1) = 0$．よって $r = a_0$．

(2) 期待値の計算である．

$$\langle r \rangle_{1s} = \dfrac{4\pi}{pi a_0^3}\int_0^\infty e^{-2r/a_0} r^2 dr\, r = \dfrac{4}{a_0^3}\dfrac{a_0^4}{2^4} 3! = \dfrac{3}{2}a_0,$$

$$\langle r^2 \rangle_{1s} = \dfrac{4}{a_0^3}\dfrac{a_0^5}{2^5} 4! = 3a_0^2.$$

よって $\Delta r_{1s} = \dfrac{\sqrt{3}}{2}a_0$．

28-2. (1) 規格化積分を実行し定数 c_0 を決定する．

$$\int_0^\infty r^2 R_{20}(r)^2 dr = c_0^2 \int_0^\infty r^2 \left(1 - \dfrac{r}{a_0} + \dfrac{r^2}{4a_0^2}\right) e^{-r/a_0}$$

$$= c_0^2 \left(2! a_0^3 - 3! a_0^3 + \dfrac{4!}{4} a_0^3\right) = 2c_0^2 a_0^3,$$

$$c_0 = \sqrt{1/2a_0^3},$$

同様に 21 の状態は $c_0 = 1/\sqrt{6a_0^3}$ である．

(2) 期待値を計算する．20 の状態は

$$\langle r^2 \rangle = \int_0^\infty r^4 R_{20}(r)^2 dr = \dfrac{1}{2a_0^3}\int_0^\infty r^4 \left(1 - \dfrac{r}{a_0} + \dfrac{r^2}{4a_0^2}\right) e^{-r/a_0} = 42a_0^2.$$

21 の状態は
$$\langle r^2 \rangle = \frac{1}{24a_0^5} \int_0^\infty r^4 r^2 \, e^{-r/a} = 30a^2.$$
したがって，$R_{20}(r)$ の平均 2 乗半径がより大きい．

(3) $r^2 R_{20}(r)^2$ などを r で微分して最大になる点を探す．結果は 20 の状態は $r = (3 + \sqrt{5})a$, 21 の状態は $r = 4a$ である．

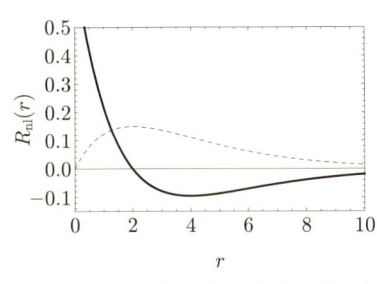

図 B.2: 第 1 励起状態の波動関数．実線が $\ell = 0$, 点線が $\ell = 1$.

図 B.3: 確率密度分布．

28-3. 角運動量の期待値を計算する．角運動量の固有状態なので固有値に置き換えるだけである．

$$\langle \boldsymbol{L}^2 \rangle = \int \Psi^* \boldsymbol{L}^2 \Psi d^3 r = \frac{1}{10}[4 \times 0 + 1 \times 2\hbar^2 + 4 \times 2\hbar^2 + 1 \times 2\hbar^2] = 12\hbar^2,$$
$$\langle L_z \rangle = \frac{1}{10}[4 \times 0 + 1 \times \hbar + 4 \times 0 - \hbar] = 0.$$

29-1. x, y, z 方向の量子数をそれぞれ自然数 m, n, ℓ と表すと，エネルギーは
$$E_{mn\ell} = \frac{\hbar^2}{2m} \frac{\pi^2}{a^2}(m^2 + n^2 + \ell^2)$$
となる．基底状態は $(m, n, \ell) = (1, 1, 1)$ の 1 通りである．第 1 励起状態は $(2, 1, 1), (1, 2, 1), (1, 1, 2)$ の 3 通り，第 2 励起状態は $(2, 2, 1), (2, 1, 2), (1, 2, 2)$ の 3 通りである．スピンの自由度も考慮すると，$(1 + 3 + 3) \times 2 = 14$ 個．

29-2. 水素原子と同様に，状態が電子で完全に埋まる場合が安定と考える．基底状態 $(3\hbar\omega/2)$ は $(n_r, \ell) = (0, 0)$ である．同様に，第 1 励起状態

($5\hbar\omega/2$) は $(0,1)$, 第 2 励起状態 ($7\hbar\omega/2$) は $(1,0)$ と $(0,2)$ の二つの状態が縮退している. さらに, 一つの ℓ の状態は $2\ell+1$ 重に縮退している. スピンも考慮すると, 基底状態が埋まった場合の電子数は $1\times 2 = 2$, 第 1 励起状態までが埋まった場合には $2+3\times 2 = 8$, 第 2 励起状態まで埋まった場合は $2+6+1\times 2+5\times 2 = 20$ 個である.

29-3. ヘリウムは $Z=2$ なので, 1 個の電子の束縛エネルギーは $-13.6\times 4 = -54.5\,\mathrm{eV}$ である. よって, ヘリウム原子の基底状態のエネルギーは $-109\,\mathrm{eV}$. 実験値 $-79\,\mathrm{eV}$ と比べると, より強く束縛されている. これは二つの電子の間の反発力(正の量)を無視したためである.

29-4. 図から $\ell=0$ の波動関数は原点付近で大きい値を持つのに対し, $\ell\neq 0$ の状態は, 相対的に動径距離 r の大きい領域での存在確率が高い. 中心の原子核から離れた電子から見ると, 原子核との間に他の電子が多数存在することになり, それらの電子から反発力を受ける. 結果として, 中心の原子核からの引力が遮蔽されてしまう. その逆に, $\ell=0$ の状態は中心近くに存在するため, その内側に他の原子が入り込むことが起こりにくく, 遮蔽されにくい.

30-1. 例題 30 の $\boldsymbol{A}^2$ を計算する.
$$\boldsymbol{A}^2 = \frac{B^2}{4}(x^2+y^2).$$
z 方向の一様磁場に対し, xy 平面の 2 次元調和振動子ポテンシャルが得られた.

30-2. 略.

索引

【あ】
位相のずれ 117
エーレンフェストの定理 9
エルミート演算子 32
エルミート共役 32
エルミート多項式 81
演算子 1
遠心力ポテンシャル 110
オブザーバブル 33

【か】
階段型ポテンシャル 68
角運動量演算子 96
確率流れ密度 10
確率密度分布 10
重ね合わせ 23
換算質量 120
規格性 2
規格直交関係 20
期待値 2
基底状態 19
球面調和関数 97
屈折率 70
クロネッカーの δ 7
交換関係 6
固有関数 32
固有値方程式 32

【さ】
散乱状態 39
磁気量子数 98
周期境界条件 50
重心 120
自由粒子 50
縮退 33
縮退度 134
シュミットの直交化法 38
主量子数 120
シュレディンガー方程式 8
昇降演算子 86
水素原子 120
水素原子の第1イオン化エネルギー
.... 128
スピン 132
正常ゼーマン効果 139
零点エネルギー 56
相対運動 120
束縛状態 39

【た】
中心力 109

調和振動子ポテンシャル (1 次元)
　　　　　　　　　　　　56, 73
調和振動子ポテンシャル (3 次元)127
定常状態 8
デルタ関数ポテンシャル 27
透過率 61
動径波動関数 109
動径量子数 125
同時固有状態 55
トンネル効果 61

【は】

排他原理 132
波動関数 2
波動関数のしみだし 46
波動関数の連続性 26
ハミルトニアン 8
パリティ演算子 60
パリティ変換 22
反射率 61
バンド構造 90
標準偏差 3
ビリアル定理 129

不確定さ 3
不確定性関係 54
不確定性原理 54
ブロッホの定理 90
分散 3
併進演算子 91
変数分離 8
変数分離法 10
方位量子数 98
ボーア半径 126
ポテンシャル障壁 62

【ま】

ミニマルの原理 136
無限井戸型ポテンシャル 15

【ら】

ラゲール陪多項式 123
ランダウレベル 139
量子数 18
ルジャンドル関数 104
励起状態 19
連続の方程式 10

著者紹介

鈴木克彦（すずき かつひこ）

1995 年　東京都立大学大学院理学研究科物理学専攻博士課程修了　博士（理学）
　　　　ミュンヘン工科大学博士研究員，大阪大学 RCNP COE 特別講師などを経て
2001 年　国立沼津工業高等専門学校教養科　講師
2002 年　国立沼津工業高等専門学校教養科　助教授
2007 年-現在　東京理科大学理学部第 1 部物理学科　准教授
専　門　ハドロン物理，クォーク・グルーオンの力学
趣味等　旅行．知らない土地で知らない文化に触れること．
　　　　もっとも最近は子供と遊ぶことに時間使っています．

フロー式 物理演習シリーズ 19

シュレディンガー方程式
基礎からの量子力学攻略

Schrödinger equation
—Introduction to Quantum Mechanics
in 1 and 3 dimensions—

2013 年 10 月 25 日　初版 1 刷発行
2018 年 9 月 20 日　初版 2 刷発行

著　者　鈴木克彦 © 2013
監　修　須藤彰三
　　　　岡　真
発行者　南條光章
発行所　共立出版株式会社
　　　　東京都文京区小日向 4-6-19
　　　　電話　03-3947-2511（代表）
　　　　郵便番号　112-0006
　　　　振替口座　00110-2-57035
　　　　URL http://www.kyoritsu-pub.co.jp/
印　刷　大日本法令印刷
製　本　協栄製本

検印廃止
NDC 421.3
ISBN 978-4-320-03518-8

一般社団法人
自然科学書協会
会員

Printed in Japan

JCOPY ＜出版者著作権管理機構委託出版物＞
本書の無断複製は著作権法上での例外を除き禁じられています．複製される場合は，そのつど事前に，出版者著作権管理機構（TEL：03-3513-6969，FAX：03-3513-6979，e-mail：info@jcopy.or.jp）の許諾を得てください．

カラー図解 物理学事典

Hans Breuer[著]　Rosemarie Breuer[図作]
杉原　亮・青野　修・今西文龍・中村快三・浜　満[訳]

ドイツ Deutscher Taschenbuch Verlag 社の『dtv-Atlas 事典シリーズ』は，見開き2ページで一つのテーマ（項目）が完結するように構成されている。右ページに本文の簡潔で分かり易い解説を記載し，左ページにそのテーマの中心的な話題を図像化して表現し，本文と図解の相乗効果で，より深い理解を得られよいに工夫されている。本書は，この事典シリーズのラインナップ『dtv-Atlas Physik』の日本語翻訳版であり，基礎物理学の要約を提供するものである。内容は，古典物理学から現代物理学まで物理学全般をカバーし，使われている記号，単位，専門用語，定数は国際基準に従っている。

■菊判・412頁・定価（本体5,500円＋税）　≪日本図書館協会選定図書≫

ケンブリッジ 物理公式ハンドブック

Graham Woan[著]／堤　正義[訳]

この『ケンブリッジ物理公式ハンドブック』は，物理科学・工学分野の学生や専門家向けに手早く参照できるように書かれた必須のクイックリファレンスである。数学，古典力学，量子力学，熱・統計力学，固体物理学，電磁気学，光学，天体物理学など学部の物理コースで扱われる 2,000 以上の最も役に立つ公式と方程式が掲載されている。詳細な索引により，素早く簡単に欲しい公式を発見することができ，独特の表形式により式に含まれているすべての変数を簡明に識別することが可能である。この度，多くの読者からの要望に応え，オリジナルのB5判に加えて，日々の学習や復習，仕事などに最適な，コンパクトで携帯に便利な"ポケット版（B6判）"を新たに発行。

■B5判・298頁・定価（本体3,300円＋税）　■B6判・298頁・定価（本体2,600円＋税）

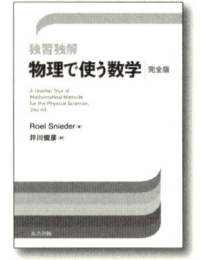

独習独解 物理で使う数学 完全版

Roel Snieder著・井川俊彦訳　物理学を学ぶ者に必要となる数学の知識と技術を分かり易く解説した物理数学（応用数学）の入門書。読者が自分で問題を解きながら一歩一歩進むように構成してある。それらの問題の中に基本となる数学の理論や物理学への応用が含まれている。内容はベクトル解析，線形代数，フーリエ解析，スケール解析，複素積分，グリーン関数，正規モード，テンソル解析，摂動論，次元論，変分論，積分の漸近解などである。■A5判・576頁・定価（本体5,500円＋税）

http://www.kyoritsu-pub.co.jp/　　共立出版　（価格は変更される場合がございます）

公式集②

特殊関数

◇ Legendre 多項式 $P_n(x)$：球座標の θ 部分を表す $(x = \cos\theta)$.

微分方程式

$$(1-x^2)\frac{d^2 P_n}{dx^2} - 2x\frac{dP_n}{dx} + n(n+1)P_n = 0$$

直交関係

$$\int_{-1}^{1} dx\, P_m(x)\, P_n = \delta_{m,n}\frac{2}{2n+1}$$

漸化式

$$(n+1)P_{n+1} - (2n+1)xP_n + nP_{n-1} = 0$$

$$P_0(x) = 1\,,\quad P_1(x) = x$$

微分表示

$$P_\ell(x) = \frac{1}{2^\ell \ell!}\frac{d^\ell (x^2-1)^\ell}{dx^\ell}$$

陪関数との関係式

$$P_\ell^m(x) = (1-x^2)^{|m|/2}\frac{d^{|m|}P_\ell(x)}{dx^{|m|}}$$

◇ Hermite 多項式 $H_n(x)$：調和振動子

微分方程式

$$\frac{d^2 H_n}{dx^2} - 2x\frac{dH_n}{dx} + 2nH_n = 0$$

直交関係

$$\int_{-\infty}^{\infty} dx\, e^{-x^2} H_n(x)H_m(x) = \delta_{n,m} 2^n n!\sqrt{\pi}$$

漸化式

$$H_{n+2} - 2xH_{n+1} + 2(n+1)H_n = 0$$

$$\frac{dH_{n+1}}{dx} = 2(n+1)H_n$$

$$H_0(x) = 1\,,\quad H_1(x) = 2x$$

微分表示

$$H_n(x) = (-1)^n e^{x^2}\frac{d^n}{dx^n}e^{-x^2}$$